窺斑

中国乌龙茶

张水存◎著

厦门大学出版社 国家一级出版社
XIAMEN UNIVERSITY PRESS 全国百佳图书出版单位

图书在版编目(CIP)数据

中国乌龙茶/张水存著. —2 版. —厦门:厦门大学出版社,2018.12
ISBN 978-7-5615-7243-6

Ⅰ.①中… Ⅱ.①张… Ⅲ.①乌龙茶-介绍-中国 Ⅳ.①TS272.5

中国版本图书馆 CIP 数据核字(2018)第 287043 号

出 版 人	郑文礼
责任编辑	薛鹏志
封面设计	张雨秋
技术编辑	朱 楷

出版发行 厦门大学出版社

社 址	厦门市软件园二期望海路 39 号
邮政编码	361008
总 编 办	0592-2182177　0592-2181406(传真)
营销中心	0592-2184458　0592-2181365
网 址	http://www.xmupress.com
邮 箱	xmup@xmupress.com
印 刷	厦门集大印刷厂

开本	720 mm×1 000 mm　1/16
印张	15.5
插页	2
字数	180 千字
印数	1~7 000 册
版次	2018 年 12 月第 2 版
印次	2018 年 12 月第 1 次印刷
定价	50.00 元

本书如有印装质量问题请直接寄承印厂调换

厦门大学出版社
微信二维码

厦门大学出版社
微博二维码

再版说明

2015 年 4 月 30 日,本书作者,见证了 60 年中国茶史,一生都与乌龙茶有着分割不开的情感的张水存老先生在厦门病逝,享年 88 岁。作为张水存老先生服务了一辈子的企业,厦门茶叶进出口有限公司在缅怀张老的同时,积极收集和整理其留下的文化遗产。2018 年 10 月,在厦门茶叶进出口有限公司的极力推动下,在张水存老先生子女及亲属的支持下,《中国乌龙茶》终于迎来了再版。这既是对张水存老先生的铭记与传扬,也是对厦门茶叶进出口有限公司在特殊时代背景下的特殊历史地位的梳理和总结,更是对中国茶业、中国传统文化的一份回馈。为了满足读者了解需要,特做以下几点说明:

第一,基本保持《中国乌龙茶》原书的风格、体系、结构不变,增补了张水存老先生 2010 年前后的两篇文章《福建乌龙茶 60 年产销历程》、《乌龙茶如何重新走向世界和走遍全国》。

第二,为了适应广大读者,特别是年轻读者的阅读,本书采用了全新的排版格式和印刷规格。

本着对读者负责的态度,对原书进行字斟句酌的修改,力求书中不出现瑕疵和错误。但由于水平所限,书中难免还会出现缺点,敬请读者批评指正。同时借此机会,向阅读本书的广大读者,致以由衷的感谢。

厦门茶叶进出口有限公司

2018 年 10 月 24 日

序

    张水存先生出生于乌龙茶著名产区安溪,成长于茶业世家,长期工作于乌龙茶出口口岸厦门。20 世纪 80 年代起,广泛收集有关乌龙茶产制运销资料,结合长期实践经验,整理编辑《中国乌龙茶》书稿,让我为之作序。我有幸先读为快。此书内容包括乌龙茶的起源、产制、鉴别、保管、品饮以及中国乌龙茶的产销历史,名茶、名种(茶树品种)。可贵的是此书资料根据:一是笔者耳濡目染,亲身经历;二是对文献资料来源均有详确说明,可供查阅,特别是有关乌龙茶经营行业界的历史兴衰和发展,为其他茶叶书籍所缺乏。深盼此书能引起茶叶工作者的重视,并加以补充探讨,就此为之序。

庄 任

1999 年 8 月 16 日于福州

目　录

乌龙名茶出安溪

采制加工多技艺

百年兴衰在厦门

香飘四海葆声誉

奇茗奇趣工夫茶

乌龙名茶出安溪

乌龙与乌龙茶

福建建瓯的北苑茶在宋代列为贡茶后,名声一时闻于海内,叙述和赞誉北苑茶的专著亦多达十多种。北苑茶重要成品是龙团凤饼。到了元朝,虽然武夷茶取代了北苑茶的地位,但其制成品仍是团饼茶。1391年(明洪武二十四年),朝廷罢造团饼茶,改制散茶。看来半发酵的乌龙茶,应是在改制散茶以后才出现的。根据各种论著对武夷茶制法的记述,半发酵乌龙茶的制法大约已有400年左右的历史。

一、乌龙茶制作工艺考略

根据文献资料分析,半发酵乌龙茶的制法大约起始于明代的中末期。1717年,王草堂《茶说》载:"武夷茶自谷雨采至立夏,谓之头春……茶采后,以竹筐匀铺,架于风日之中,名曰晒青,俟其青色渐收,然后再加炒焙。阳羡芥片,只蒸不炒,火焙以成。松萝、龙井皆炒而不焙,故其色纯。独武夷炒焙兼施,烹出之时,半青半红,青者乃炒色,红者乃焙色也。茶采而摊,摊而擷,香气越发即炒,过或不及皆不可。既炒既焙,复拣去其中老叶枝蒂,使之一色。焙之以烈其气也,汰之以存其精力。乃盛于篓而鬻于市。"《茶说》记述的武夷茶,不仅采摘的季节与今天武夷茶采摘的季节相同,而且采制的程式也与今天的武夷茶相吻合。由此可见,《茶说》产生的年代无疑是推断半发酵乌龙茶制法起始年代的重要依据。在《茶说》的记述中,当时乌龙茶的制作已形成自身独特而完整的工艺程序,而形成一套这样完整的工艺,无疑必须有相当一段实践和完善的过程,因此可以说半发酵茶的采制工艺势必产生于《茶说》问世以前。

阮旻锡写的《武夷茶歌》云:

建州团茶始丁谓,贡小龙团君谟制。

元丰敕制密云龙,品比小团更为贵。

元人特设御茶园,山民终岁修贡事。

明兴茶贡永革除,玉食岂为遐方累。

……

嗣后岩茶亦渐生,山中借此少为利。

往年荐新苦黄冠,遍采春芽三日内。

搜尽深山粟粒空,官令禁绝民蒙惠。

种茶辛苦甚种田,耕锄采摘与烘焙。

谷雨期届处处忙,两旬昼夜眠餐废。

……

凡茶之候视天时,最喜天晴北风吹。

苦遭阴雨风南来,色香顿减淡无味。

《茶歌》有序地列述建州自丁谓始造团茶以后而相继出现的一些名茶,其中"岩茶"究竟属于何种茶?又始于何时?由《茶歌》叙述的采制期,品质与天时的关系以及阮氏在《安溪茶歌》中叙述的"溪茶遂仿岩茶样,先炒后焙不争差"等情况进行分析,并非指团饼茶改制散茶,或是蒸青改作炒青,而是一种与今天乌龙茶制作情况相同的产品,所以"岩茶"应是属于半发酵工艺制作的乌龙茶。《茶歌》写于17世纪中后期,其列举记述的几种名茶皆可追溯创制年代,唯独岩茶的创制年代似难界定,故以"嗣后"称之。可见岩茶出现的时间与阮氏作《茶歌》间隔的时间是相当长久的。

明代是制茶工艺改革创新最活跃的朝代,因此可以说,乌龙茶的采制工艺应于明代中后期就在武夷山开始制作了。

二、乌龙品名之由来

有人认为乌龙茶的名称与地名有关。最早出现"乌龙"与茶连系在一起的记载,是 11 世纪北宋刘弇所著的《龙云集》:"今日第茶者,取壑源上。至如日注、实峰、闵坑、双港、乌龙、雁荡、顾渚、双井、鸦山、岳麓、天柱之产,虽雀舌旗枪,号品中胜绝,殆不得与壑源并驾而驰也。"《龙云集》叙述当时日注等 10 多处名茶,虽系细嫩雀舌旗枪的绝品,也比不上壑源茶的优美。壑源系当时北苑的一个地名,在今建瓯县东峰镇。日注在绍兴平水,双港在江西沿山,雁荡在浙南括苍山,双井在江西修水,鸦山在安徽宣城,岳麓在湖南长沙,顾渚在浙江长兴,天柱在安徽舒城,闵坑在安徽九华山,而实峰与乌龙在何处,尚待查考。我国地名以"乌龙"为称者不一而足,如福州有乌龙一江,庐山有乌龙潭,浙江建德有乌龙岭,武昌有乌龙泉。浙江建德乌龙岭(或称山)所产茶叶称乌龙茶,而此乌龙茶是否属于福建所产制的同一特征的茶叶,已无从查考。以地名称茶,古已有之,但乌龙茶之名称是否源于地名,至今仍无确据。

其次,还有人认为乌龙茶一名起源于人名。据说 100 余年前,有安溪人姓苏名龙者,移植安溪茶于建宁府(今建瓯、建阳等县),该地茶农认为是优良品种,广为种植。及至苏龙死后,乃号其茶名曰乌龙。

《建瓯县志》载:"18世纪末19世纪中,本县出现了乌龙茶三个品系齐头并进的发展之势,其一是禾义里大湖发现的水仙良种在本县广为种植,其二是引进安溪乌龙。"乌龙这个品种引自安溪原产地乃是事实,然其名称是否与苏龙有关,难以确证。此外,安溪西坪乡南山中有打猎将军殿遗址,相传打猎将军名乌良,以打猎和采茶为乐。有一天,乌良背上茶篓和猎枪在后山采茶,突有一山獐从岩丛中闯出,乌良持枪急追,并把山獐猎获。乌良在追赶山獐时,因上下跳跃,茶篓里的茶叶跟着上下左右摆动碰撞,返回后又忙于宰杀山獐,因此篓里的茶叶经过一个晚上的停放已经发酵了。第二天,乌良在炒制茶叶时出现了奇迹。这次炒制的茶叶,泡饮时苦涩之味尽去,芬芳异乎寻常。经多次试制,竟取得同样的效果,于是乌良就把这种偶然悟得的制法加以推广。后来人们便把采用这种新法炒制的茶叶称"乌龙茶"。"乌良"与"乌龙"在闽南语中读音相同,乌龙茶的名称便由此产生了。这种传说至今仍然流传于安溪地区。其实,北宋《事物记原》一书已谈到龙茶乃属太宗皇帝遣使专门制造,冠以"龙"字,旨在区别庶茶。《中国茶史散论》亦云:北苑贡茶称"龙团",仍以"龙"字为形容。龙团后来虽改为散茶,也仍然沿袭了北苑龙团之贵称。另外,茶叶经过晒、炒、焙以后,色泽乌黑,条索似鱼似龙。商人为了表示具有鱼龙之外形的武夷茶的珍贵,以乌龙为商标,并统称之为乌龙茶。

由此看来,乌龙这个名称,由原有茶名衍生而来是比较合乎客观情况的。龙为中华民族的象征,古代帝王自命为真龙天子,生活用品,往往以"龙"字作为称谓,或以图案来显示万乘之尊贵。故乌龙茶结合其炒制后的外观效果取名乌龙,似为顺理成章之事。

三、乌龙茶的崛起

相传乌龙这个品种,在18—19世纪由安溪传入建瓯,再传入武夷山、台湾等处,在历史变迁中逐渐形成了大片的产区,并先后被用作商品茶名称和驰名于世的茶类名称。抗日战争前,乌龙这个品种的产量一直傲居各地区的首位。《建瓯县志》载:"至光绪中,引种的乌龙倍于水仙,年以数万箱计(每箱18公斤)。"1937年,庄灿彰所著《安溪茶业调查》载:"全安溪现有栽培各品种百分比例为苏龙(乌龙)35%、铁观音28%、梅占18%、奇兰10%,种旧及其他9%。"1935年,庄晚芳所著《台湾茶业》云:"1933年统计,乌龙占48.5%、包种(其原料大部分是乌龙的品种)占40%、红茶占11.3%、绿茶占不及1%。"除此以外,如平和县等地也大部分种植乌龙,乌龙产量之高,由此可见一斑。新中国成立后,乌龙茶类的几百个品种几经拼合,而乌龙仍被单独列为一类,显示了它在这个茶类中所占有的重要地位。闽北茶的排列首先为崇安武夷所产的武夷水仙、武夷奇种,其次为建瓯等地所产的闽北水仙和闽北乌龙。闽南茶的排列为铁观音、色种(包括黄金桂、本山、毛蟹、奇兰、梅占……几十个品种)、乌龙以及闽南水仙和香橼。乌龙这个品种为什么在次第排列中居末尾呢?笔者认为乌龙这个品种虽然易于培植,香气亦有特色,但条索纤细,汤味淡薄,只能用于低档的商品茶或配料。进入20世纪60年代后,在优胜劣汰的浪潮中,不论新区或老区,在扩展茶叶生产或补缺时,大多选择铁观音、本山、毛蟹、黄旦等优良的品种,而乌龙这个品种则不再受到茶农之垂青,因而导致产量大幅度减少。到1979—1980年,在闽南乌龙茶的5个品类中,仅存铁观音、色种和闽南水仙、香橼,"乌龙"这个品类在货单中被抹掉了。尽管如此,乌龙这个品类的辉煌史绩,以及它蜚声中外的"乌龙茶"名称,却从来没有被人们所遗忘。由于乌龙位列末尾,长期以来,茶叶商人为了少纳税收,往往把高、中档的武夷茶或铁观音、本山等品种作为"乌龙"向税务机关申报纳税;在向商检、海关申报出口时,为了减少巨大亏损,亦同样以价格最低的乌龙申报结汇。

20世纪初的《海关年度贸易报告》中对厦门茶出口分为乌龙(散装茶)、包种(包装茶)、小种(武夷茶)。这种情况,不仅使乌龙品名在正式单证上频频出现,也促使乌龙这一名称在广大销区增添了知名度。所以不论在产区或销区,当人们谈论茶事时,往往以"乌龙仔"或"乌龙茶"称之。所以"乌龙茶"在作为一个品种茶的同时,也成为对半发酵茶类的通称。《安溪茶业调查》曾对"乌龙茶"字做了明确的阐述:"查'乌龙茶'(Olong tea)三字,为国内外人用以分别红茶与绿茶间之半发酵茶之通称也。故属半发酵之安溪茶或武夷茶,人皆别之曰乌龙茶。"其实,"乌龙茶"三字在当时并没有因为用作与红茶和绿茶相区别而正式成为这个茶类的名称,而是以"青茶"称之。之所以用"青茶"称呼这个茶类,乃因乌龙茶在制成毛茶后,产区或销区习惯称之为"生茶"(没有烘熟的意思),"生"与"青"在闽南方言中音同。此外,茶叶既已有红茶、绿茶等的分类,则称呼半发酵的乌龙茶为"青茶",确实便于与这些茶类在色谱上形成一个系列。何时使用"青茶"称呼这个茶类,从厦门海关出口货物统计中可以略知梗概。1930年以前乌龙茶出口时,海关统计分为乌龙、包种、小种三个品种,统计入红茶类(Black Tea)的"其他红茶"内;1931年以后,统计入绿茶类(Green Tea)的"其他绿茶"内。由此可见,用"青茶"称呼这个茶类最晚应在1931年。1931年7月,上海商品检验局设立茶叶检验组,正式开始对出口茶叶实施检验,定有红茶、绿茶出口最低标准,其他茶类只要香气相当即可。1937年,广州商品检验局成立,在福州、厦门、汕头设立分处,厦门出口茶叶开始实施检验。由于没有根据半发酵乌龙茶的品质特征而对照红、绿茶的标准予以检定,以致发生了不必要的纠纷,造成检验工作中断。抗日战争发生后,全国茶叶实行统购统销,由中国茶业公司负责经营。1939年6月,福建省成立茶叶管理局,以"运照"控制乌龙茶产、运、销,并办理茶叶检验工作。

1949年以前,乌龙茶外销仅局限于东南亚华侨聚居的国家和地区,经营乌龙茶的茶庄、茶行皆华侨商人,一般国内有联店或代办商,他们关心的是货物进出方便、快捷,单证上写"黑"填"白"并不介意。1949年以后,当"青茶"向欧美这些新地区拓展时却招来了麻烦。外国人对颜色并没有青、绿之分,绿茶类的茶叶英文已使用 Green Tea 标写,"青茶"怎能再用这个词呢?1952年,国家商检部门对出口茶叶的检验标准做修改时,把茶叶分为红茶、绿茶、乌龙茶、压制茶、其他茶和副茶六类,乌龙茶类分为乌龙、包种两种。"青茶"二字被取消。当时有人担心乌龙是这个茶类中低档的品种,用"乌龙茶"三字代表这个茶类有贬低该茶类身价之虞。事实证明,这种担心是多余的。现在乌龙茶已跨越了"侨销茶"的范围而遍销于五大洲,出口数量增加数十倍,成为我国出口的第三大茶类。这充分说明,以"乌龙茶"三字作为这个茶类的名称,完全是适宜和可取的。我们深信,随着茶叶科技的兴起,历史悠久的乌龙茶在质量等方面更上一层楼后,必将能为我们这个被称为"龙"的国家赢得更大的荣誉。

福建乌龙茶产销回顾

《茶经》记述福建的茶叶产区有福州闽侯县、建州、泉州等处。宋代时，建州的北苑茶因被列为贡茶而名声大著，到了元朝，因朝廷设场于武夷，遂使武夷茶与北苑茶并称。但到清代初期，世人几乎只知武夷而不知北苑了。17世纪初，随着对外贸易的发展，武夷茶风靡欧美国家，并于19世纪进入最鼎盛的阶段。在这一历史时期，安溪的茶叶产量虽然可观，但在质量方面无法与武夷茶匹敌，所以当时有了安溪茶仿效武夷茶制法的说法。不过到了今天，安溪茶在海内外的声誉已不亚于武夷茶，安溪铁观音几乎成了中国乌龙茶的代名词。福建茶区产品的此起彼落，其原因很值得茶叶界加以深思与探讨。

一、从北苑茶谈起

北苑茶是宋代主要贡品，其采制技术极为精湛，所采摘的芽叶，经蒸、榨、研、造（饼）、焙，并多和以龙脑等类香料。自宋代蔡襄制作小龙团茶后，开始不入龙脑，以期保持茶香之真纯。蔡襄《茶录》云："茶有真香，而入龙脑和膏欲助其香。建安民间试茶，皆不入香，恐夺其真。若烹点之际，又杂珍果香草，其夺益甚，正当不用。"欧阳修《归田录》载："茶之品莫贵于龙凤，谓之团茶，凡八饼重一斤。庆历中，蔡君谟

（即蔡襄）为福建转运使,始造小龙团以进。其品绝精,谓之小团,凡二十饼重一斤,其价值金二两。然金可有,茶不可得。"可见小团茶之珍贵已被当时人所认定。北苑茶有"官焙"与"私焙",以榷茶制度控制茶叶的运销。由于贡茶、榷茶制度劳民伤财,造成了许多茶农、茶商的破产,元朝在武夷山设置御茶园以后,北苑茶即趋于消亡。所以清代周亮工《闽小记》说:"先是建州贡茶,首称北苑龙团,而武夷石乳之茶未著,至元设场于武夷,遂与北苑并称。今则但知有武夷,不知有北苑矣。"

　　元代御茶园制作的贡茶,仍是龙团风饼。武夷茶之所以能代替北苑茶而名扬天下,实出于得天独厚的天然环境。再者,武夷茶经过元、明两代300多年的改进,创造了乌龙茶独特的采制工艺,首改团茶为散茶,后又改蒸青为炒青,既简化了繁杂的制茶工序,又保持了茶叶的真味,成为品质优异的名茶,深受时人的赞赏。明代徐𤊹《茶考》云:"宋、元制造龙团,稍失真味。今则灵芽仙萼,香色尤清,为闽中第一。至于北苑壑源,泯然无称矣。"清代王草堂《茶说》云:"武夷茶自谷雨采至立夏,谓之头春……茶采后,以竹筐匀铺,架于风日之中,名曰晒青。俟其青色渐收,然后再加炒焙。阳羡芥片,只蒸不炒,火焙以成。松罗、龙井皆炒而不焙,故其色纯,独武夷炒焙兼施,烹出之时,半青半红,青者乃炒色,红者乃焙色也。茶采而摊,摊而撝,香气越发即炒,过或不及皆不可。既炒既焙,复拣去其中老叶枝蒂,使之一色。"武夷茶以"臻山川精英秀气所钟"的生产原料,配以"心闲手敏工夫细"的采制技术,从而制出了"品具岩骨花香之胜"的天然真味——"岩韵"。其滋味比醍醐甘美,香气比芷兰高雅。可见武夷茶品质之优美。

二、武夷茶在欧美市场的消长

随着海内外贸易的发展,武夷茶于 1610 年由厦门商人运至爪哇,卖给荷兰人,然后转入欧洲市场销售。1644 年,英人在厦门设立贸易机构,开始由厦门运武夷茶和乌龙茶到欧、美各国销售,并将厦门方言"茶"字拼为"Tea",成为今天西方茶叶的专用文字。1762 年,瑞典植物学家林奈将中国茶种定名为"Bohea"(武夷),即武夷变种。与此同时,西方很多诗文作品亦经常以武夷这个词来代表中国茶。可见当时武夷茶和乌龙茶已蜚声欧美市场而倍受欧美地区的欢迎。五口通商以后,武夷茶和乌龙茶出口量急剧增加。遗憾的是由于供不应求,在经营中逐渐出现了以次充好,以假乱真的倾向,从而损害了武夷茶和乌龙茶的声誉。由于"武夷茶"品质下降,欧美一些国家逐渐停止进口,从而使武夷茶和乌龙茶的出口量急剧下降,几乎达到中止的地步。据 1905 年在厦门任海关税务司的英国人包罗所写《厦门》一书记述:"1874—1875 年间,竟有 7645386 磅的厦门乌龙茶运到美国……因为茶叶的品质甚为低劣,掺杂劣货,没有好好地焙制,所以最后美国领事通知其政府禁止茶叶入口。在 1899 年是最后一载的茶叶 31705 磅。"至此,欧美乌龙茶的市场遂为其他茶类所代替。但东南亚地区作为华侨聚居的地方,由于华侨出于爱国爱乡之心,仍然经营和饮用家乡茶,故此时的乌龙茶遂成为侨销茶。乌龙茶退出欧美市场,受害最大的是茶叶产区。如五口通商后,大兴制作乌龙茶的沙县,出口量最高年份达 1800 吨。1928 年,《沙县志》载:现在商家,只办绿茶……所谓乌龙,红边茶者,但存其名而已。"由此可见一斑。

三、安溪茶的崛起

29 世纪初,安溪茶在南洋一带已崭露头角,并先后在一些地区占主导地位。如张源美茶行的"白毛猴"商标茶叶独霸缅甸市场,林金泰茶行的"金花"、"玉花"茶叶风靡新马地区,尧阳茶行的铁观音则畅销于海内外。武夷茶主要市场为国内的潮汕和闽南地区。1938 年,鹭岛沦陷,海运断绝,产区茶叶无人问津,一斤茶叶(生叶)值不了一斤菜豆叶。当时有首民谣:"金枝玉叶何足惜,观音不如菜豆叶。茶叶上市无人叫,砍下茶树当柴烧。"可见当时茶区茶农的惨状。1939 年,福建省成立茶叶管理局,泉州设立办事处,以"茶叶运销证"和"运照"(每件茶贴一张)的方法控制茶叶的营运。1942 年,茶叶改征"统税",仍采用上述方法控制茶叶的营运。安溪的茶叶商人为求生计,想方设法大力向广东、潮汕和闽南各县推销安溪茶叶,稍微缓解了安溪茶农的困境。这时的大部分茶商对闽北地区的茶叶已无力顾及,遂使闽北地区的茶园大片荒芜。1939 年,热心茶叶事业的庄晚芳先生在崇安(今武夷山)主持"福建示范茶厂",曾千方百计收购一些武夷茶,设法帮助闽北茶农摆脱困境。至 1942 年,武夷茶产量仅有 19.44 吨(324 担)。

武夷茶的独特之处,在于性温不寒,久藏质不变,味厚而甘,芬芳馥郁,并以陈为贵。清代周亮工《闽茶曲》云:"雨前虽好但嫌新,火气未除莫近唇。藏得深红三倍价,家家卖弄隔年陈。"由于匪乱和战争,武夷茶供应时断时续,到抗日战争胜利后,潮汕地区人民已经习惯饮用安溪茶,称安溪茶为"溪种"(现称色种)。时至今日,潮汕地区仍然是国内安溪茶的最大市场。其他地区的消费者也渐渐习惯饮用香高味浓的安溪茶,特别是醇厚甘鲜、芬芳似兰的铁观音茶,其"音韵"令人回味无穷,倍受消费者的喜爱。现在以安溪茶为主干的乌龙茶,已跨出"侨销茶"的范围而拓展到日本、欧洲、美洲、澳洲和非洲等地区,成为名闻全球的茶类。

四、北苑茶、武夷茶与安溪茶

明、清以前的北苑茶和武夷茶是否属现在半发酵的乌龙茶,本文不予论证。因为它们都在乌龙茶的主要产区,它们的历史与乌龙茶联系在一起是顺理成章的事。纵观这段茶叶史,北苑茶之兴起与其被武夷茶取代,可以说与统治阶级的需求和行政命令具有一定的关系。宋代文人杨凡说:"龙茶以供乘舆及赐执政、亲王、长主,余皇族、学士、将帅皆凤茶,舍人近臣赐京挺、的乳,馆阁赐白乳。龙凤石乳皆太宗令造也。"北苑茶因贡茶而名闻天下,论述、赞誉北苑茶的书籍也相继而出,使宋代成为著述茶书最多的朝代。蔡襄《茶录》载:"茶味主甘滑,唯北苑凤凰山连续诸焙所产者味佳。"赵佶《大观茶论》说:"本朝之兴,岁修建溪之贡,龙团、凤饼名冠天下。"凡此等等,无不极力推崇北苑茶。

光阴流逝,时代变迁,元朝大德六年(1302 年),武夷山设置"御茶园",并专造龙团贡茶。之后,具有得天独厚的自然环境的武夷茶胜于北苑茶,已成为历史现实。但武夷茶与安溪茶比较,也有它天生不足之处:

(1)武夷山周围 120 华里,虽有三十六峰和九十九岩,但是只有山北三大坑内的峰岩所产的茶叶品质才属上乘,余者皆略逊一筹,外山茶则相去更远。1734 年,崇安县令陆廷灿《续茶经》载:"武夷茶,在山上者为岩茶,水边者为洲茶。岩茶为上,洲茶次之。"这种地理状况使优质茶的产量具有很大的局限性,因而亦无法适应市场拓展的需求。

（2）经营武夷茶和武夷山峰岩的制茶工人都是外地人。1942 年《崇安新县志》云："本县民智未开,生产落后。揆其故,皆不知注重职业所致也。茶叶经营均操于下府(厦、漳、泉等地)、广州、潮汕三帮之手,采茶制茶均江西人,本地人几无一业此者。此社会经济不能发展之主因也。"外来采制工人难免存在急功近利思想,因此,采制技术难于改进,品质也难于提高。尤其是新中国成立后,峰岩茶园分给本地人,原拥有峰岩的外地商人(划为工商业地主),不敢再到武夷山收购茶叶,产销脱节,造成茶叶积滞。到武夷山采茶制茶的江西人也逐年减少,茶叶产量、质量明显下降。

从茶叶实行统购统销时出厂的成品,可以看出武夷茶采制技术和质量下降的梗概:以特级、一级水仙为例,1955 年为 3000 多公斤,1965 年为 812 公斤,1985 年为 170 公斤。

与此相反,安溪则具备了几项竞争的优势:

（1）安溪是一个青山绿水的地域,境内峰峦连绵,泉甘雾多,土壤多红赤,夏无炎暑,冬无严寒,面积 2933 平方公里,无处不宜茶,无处不产茶。故阮旻锡《安溪茶歌》云:"安溪之山郁嵯峨,其阴长湿生丛茶。"可见安溪是发展茶叶生产大有作为的好地方。

（2）安溪茶叶初期因采制技术欠妥,所以品质不佳,但刻苦勤劳的安溪人民在学习外来制茶技术的同时,不断改进、革新采制技术。至今,安溪茶农已普遍具有采制"绿叶红镶边,七泡有余香"茶叶的精湛技术。故国内外发展乌龙茶生产的地方,务必聘请安溪人当任技术员。可以说,安溪有足够的技术力量保证安溪制法的乌龙茶大量生产的需要。

（3）过去国内外经营乌龙茶的商人多数是安溪人。非安溪人经营的茶店,大部分也雇用安溪人当技术员。人是故人亲,物是家乡美。

安溪人对家乡茶叶总是不遗余力地进行推销,可以说,安溪人走到哪里,安溪茶就出现在哪里,这对安溪茶的发展起到积极推进的作用。

(4)新中国成立后,乌龙茶出口大幅度增长,1955年为449吨,1990年达1万多吨。安溪茶产量:1955年约885吨,1990年达8000吨。1990年,福建乌龙茶产量约2.8万吨,其中安溪和与安溪的品种和采制工艺类同的闽南各县的茶叶约占四分之三。从以上数字可以看出,以安溪茶为主干的乌龙茶出口数量已经大大地超越一世纪前的5400多吨(9万担)的最高记录,说明安溪制法的乌龙茶潜力大,可以充分满足国内外市场的需要。

现在闽北和闽南都是福建乌龙茶的大产区,而安溪茶虽然成为乌龙茶中的佼佼者,但绝不能据此断言它能永居榜首。历史经验告诉我们:适者生存发展,不适者淘汰消亡。谁想在乌龙茶产销中立于不败之地,谁就不能忘记在制作技术、产品质量方面不断保持、完善自身的优势,并不断顺应社会消费的需求。

从《安溪茶歌》看乌龙茶

《安溪茶歌》：

> 安溪之山郁嵯峨，其阴长湿生丛茶。
>
> 居人清明采嫩叶，为价甚贱供万家。
>
> 迩来武夷漳人制，紫白二毫粟粒芽。
>
> 西洋番舶岁来买，王钱不论凭官牙。
>
> 溪茶遂仿岩茶样，先炒后焙不争差。
>
> 真伪混杂人瞆瞆，世道如此良可嗟。
>
> 吾哀肺病日增加，蔗浆茗饮当餐霞。
>
> 仙山道人久不至，井坑香涧路途赊。
>
> 江天极目浮云遮，且向闲庭扫落花，
>
> 无暇为君辨正邪。

——录自乾隆《泉州府志》卷十九

作者简介：阮旻锡，字畴生，厦门人。《同安县志》载："甲申（1644年）之变，旻锡方弱冠，慨然谢举子业，师事曾樱，传性理学，患难与共。"其生年为 1627 年（明天启七年），年八十余卒。1655 年（永历九年），郑成功在厦门期间，设立六官及储贤馆，阮氏为储贤馆成员，也就是郑氏的幕僚。阮氏对道藏释典、诸子百家、兵法战阵、医卜方技之书,无不淹贯。其著作有《夕阳寮诗稿》、《海上见闻录定本》等20种。1663年(康熙二年),清兵攻陷厦门,阮氏弃家北上燕云,出览名山大川,托处十数载,曾以教授生徒自给。至晚年,归隐故里,遁于佛门,号超全。《武夷茶歌》、《安溪茶歌》应是这一时期所写的。

《茶歌》详细叙述当时安溪种茶、制茶、茶的品质以及洋人买茶等状况,犹如茶叶行家在数家珍,详细、确切,予人以亲切之感。《茶歌》为我们研究武夷茶和乌龙茶的历史状况留下了宝贵的资料,并有现实的意义。现就读《安溪茶歌》的一些浅见分述于下。

安溪产茶历史悠久,据《安溪县志》载:唐末时,翰林学士韩偓有诗曰:"石崖觅芝叟,乡俗采茶歌。"开先县令詹敦仁在五代时受"龙安岩(今龙门溪内村)悟长老惠茶,作此代简:"泼乳浮花满盏倾,余香绕齿袭人清。宿醒未解惊窗午,战退降魔不用兵。"《福建续志》、《泉州府志》载:"五代越王钱偶幕僚黄夷简称疾,退居安溪别业,其山居诗有'宿雨一番疏甲嫩,暮江几焙茗旗香'。"安溪《清水岩志》载:"清水高峰,出云吐雾。寺僧植茶,饱山岚之气,沐日月之精,得烟霞之霭,食之能疗百病,老寮等属人家,清香之味不及也。鬼空口有宋植三株,其味尤香,其功益大,饮之不觉两腋风生。倘遇陆羽,将与补茶经焉。"明嘉靖《安溪县志》载:"茶名于清水,又名于圣泉。""茶,龙涓、崇信(今龙涓、西坪、芦田)出者多"、"茶产常乐、崇善等里(今剑斗、白濑、蓬莱、金谷),货卖甚多"。可见安溪自唐末以来,寺僧和很多地方均已植茶。

(1)"居人清明采嫩叶,为价甚贱供万家。""清明"是采制绿茶的季节,新梢一芽一叶或二叶,用这种初展的嫩叶制作的成茶,条形翠绿紧细,是绿茶的珍品,称明前、雨前。武夷茶采制的时间在谷雨后至立夏前后,相差一个月左右。再者,如果把清明期间采摘的嫩叶制作乌龙茶,其外形就完全不像了。因此,可以说,当时安溪生产的茶叶应属绿茶,但算不上佳品,所以价格便宜。

(2)"迩来武夷漳人制,紫白二毫粟粒芽。"叙述漳州人到武夷山制造紫毫和白毫这两种犹如粟粒的芽茶。这两种茶叶属现在哪一种茶类呢?1732年,崇安县令刘靖《片刻余闲集》载:"武夷茶高下共分两种,两种之中又各分高低数种。其生于山上岩间者名岩茶,其种于山外内地者名洲茶。岩茶最高者曰老树小种,次则小种,次则小种工夫,次则工夫,次则工夫花香。洲茶中最高者曰白毫,次则紫毫,次则芽茶。凡岩茶皆各岩采摘焙制,远近贾客于九曲内各寺庙购觅,市中无售者。本省邵武、江西广信等处所产之茶,黑色红汤,土名江西乌,皆私售于星村各行,而行商则以之入于紫毫芽茶内售之,取其价廉而质重也。"可见漳州人制造的紫毫和白毫是武夷山山外和内地的茶叶,属洲茶中比较好的品种,而商品茶还掺有品质更差的江西乌。1751年,董天工写的《武夷山志》载:"岩茶反不甚细,有小种、花香、工夫、松罗诸名,烹之有天然真味,其色不红……至于莲心、白毫、紫毫、雀舌,皆以外山初出嫩芽为之。虽以细为佳,而味实浅薄。"把"反不甚细"、"天然真味"、"其色不红"与"初出嫩芽"、"以细为佳"、"味实浅薄"相比较,显然有很大的差别,说明当时武夷山制造的武夷茶有乌龙茶与绿茶两种不同的制作方法。阮氏在《武夷茶歌》中亦有"近时制法重清漳,漳芽漳片标名异"一句,指出当时由于注重漳州人的制造方法,已经以创新的漳芽漳片名称作为茶叶的品名。究竟漳芽、漳片与"二毫"关系如何?1784年,崇安县令陆廷灿《随见录》载:"武夷茶在山上者为岩茶,水边者为洲茶,岩茶为上,洲茶次之……洲茶名色有莲心、白毫、紫毫、龙须、凤尾、花香、清香、选芽、漳芽等茶类。""漳芽"排在洲茶一系列品种的最后面,其品质可想而知。阮氏两首《茶歌》叙述漳州人到武夷山制造的紫毫、白毫、漳芽等品种,实属同一类的茶叶,其不同的品种名称只在于区分品质高低的序列。武夷山(崇安县境内)生产的茶叶,按现在的茶类分法,截至到1949年为止,有红茶(正山小种或称桐木关烟小种)、绿茶(莲心、白毫等)、乌龙茶(中外赞誉的武夷岩茶)、花茶等。各个茶类之所以能长期并存,可以说乃是武夷山劳动人民因地制宜、因物制宜、因人制宜和各个茶类难于互相替补所形成的格局。崇安县三面环山,南开口为盆地,地广人稀,劳动人民根据气候、土壤、劳力等状况,种植适宜自身管理、加工而市场又适销的产品,遂构成各个茶类。当时的赤石街(现已改建机场),客商云集,厂房林立,专门收购和加工武夷茶,其中如香港客商开设的龙泰茶行,即专门收购莲心、白毫、龙须等绿茶类的茶叶,最高年份多达9000箱(每箱36公斤,乌龙茶每箱18公斤),收购量达800多吨。综上所述,充分说明《片刻余闲集》、《武夷山志》、《随见录》和《茶歌》中所说的莲心、白毫、紫毫、漳芽等都是绿茶类的茶叶,而岩茶则属今天的乌龙茶。

(3)"西洋番舶岁来买,王钱不论凭官芽。"叙述洋人年年派船前来买茶,而价格完全由"牙行"决定。究竟洋人每年来哪一个口岸买茶?郑成功以厦门作为抗清复明的根据地,其主要的经济来源是靠对外贸易得来的。《厦门史话》载:"郑成功以海外弹丸之地,养兵十万……又交通内地,遍买人心,而财用不匮者,以有通商之利也。"可见当时对外贸易是开放的,贸易是自由的。郑氏不仅自建船队川走于日本、东南亚,也允许内外商入到厦门来,故郑氏在厦门设立"仁、义、礼、知、信、金、木、水、火、土"等牙行,统管各行各业的买卖。既然洋人买茶的价格由"牙行"决定,说明洋人买茶肯定在厦门进行,并由厦门出口,同时说明茶叶在郑氏驻厦期间,就已经大量由厦门出口了。为什么《茶歌》会收入《泉州府志》?厦门早有鹭岛和嘉禾屿之称,至明代称中左所。1655年,郑成功改中左所为思明州。历来与金门同属同安县管辖。

同安县归泉州府,厦门发生的一物一事,载入《泉州府志》是理所当然的。而《茶歌》是记述安溪茶产、制、销的状况,安溪是泉州府所属的县,《泉州府志》把安溪的物产情况载入志书,亦是理所当然的。

(4)"溪茶遂仿岩茶样,先炒后焙不争差。真伪混杂人瞆瞆,世道如此良可嗟。"叙述当时安溪茶全盘仿效武夷岩茶的制法,从外观上很难分出它们的差别,商人为了获得厚利,把岩茶与溪茶混杂出售的情况,而阮氏则为此世道而嗟叹。从阮氏诗句亦可说明,安溪茶在 17 世纪或更早些,就仿效武夷岩茶的采制方法制作乌龙茶。安溪周边的南安、永春、德化、大田、仙游等县,直到 20 世纪 50 年代,大部分还在沿袭着绿茶的制作,唯独安溪茶农仍然对绿茶一知半解,可见安溪制作乌龙茶的时间已相当长久。

安溪是一个种植茶叶的好地方,又那么早就开始植茶,为什么直到 19 世纪,安溪生产的茶叶还是贬多褒少呢? 乾隆《泉州府志》载:"按清源旧甚著名,今几无有,南安英山及他处所产不多,唯安溪差盛,然也非佳品也。"可见当时安溪茶的品质大部分还是低下的。其原因可能有:

(1)采制技术没有普及,故贬多褒少。

(2)采制工艺缺乏讲究。安溪是一个贫穷的地区,大部分茶农无力备足制茶用具、柴炭等,影响了采制与成茶的质量。如有些茶农为节省费用,减轻成本,在茶叶采制过程中,经踩揉后的湿茶,采取以日晒替代炭火烘焙,成茶含有的"臭日味"难以弃除,自然质次价贱。如此恶性循环,造成安溪茶的品质长期低下。这种不恰当的制作方法,经宣传虽有改进,但在 20 世纪 50 年代初还有一些地区仍然有日晒湿茶的习惯。直到农业合作化以后,日晒湿茶才彻底绝迹,足见这种制作方法是根深蒂固的。

（3）安溪早期种植的茶树,多用茶籽繁殖,品种十分繁杂。直到20世纪初,安溪大部分地区的茶树还是称之"菜茶"（杂种茶之总称）与"乌龙"者居多。这种低次的原料,自然难于制得佳品。勤劳智慧的安溪茶农在实践中,逐渐以能保持母树特征的压条法,培育发展优良的品种,到抗日战争前后,安溪茶在国外遂稍有名气。新中国成立后,安溪茶农发明了短穗扦插的育苗新技术,开创大面积和培育种苗的通途,迅速淘汰了大部分的杂种茶和低次品种,成为良种化的产区,因而安溪茶就到处受人赞美了。

（4）安溪茶别有一番风格。每个茶类或不同地区的茶叶,其韵味各不相同,要改变饮用茶类或不同地区茶叶的习惯,实是不易之事。喝红茶的人说绿茶味淡如水,喝绿茶者说乌龙茶味苦如药,而喝武夷茶的人又觉得安溪茶有"臭生味"之嫌,各云其是。

乌龙茶最早著名的是武夷岩茶,安溪茶的风味在未被人们接受之前,贬多褒少自然不足为怪。现在安溪茶已经是乌龙茶类的主干,喝的人多了,声誉响彻海内外。1995年4月,安溪县被国家农业部和中国农学会命名为"中国乌龙茶（名茶）之乡"。阮氏要是在今天,大概将会对之备加赞赏。总之,消费者是"上帝"。

台湾植茶之源

　　台湾是我国茶叶重要产区之一,是乌龙茶的第二大产区。台湾何时开始种植茶叶,按理说应始于福建移民落籍以后。福建人移居台湾较早,人数以安溪人为多。据《安溪县志》载:明万历年间(1573—1619年),安溪乡民开始入垦台湾。至清代,安溪乡民大量迁台。郑成功东征台湾时,随征的军民约2.5万人,其中仅安溪官桥赤岭就有500多人。自郑成功复台至郑克塽执政的20多年中,由沿海迁移台湾的军民达数十万人,其中亦包括很多的安溪人。进入台湾的安溪移民经历代繁衍生息,至1990年,人口已多达200多万人,占台湾人口总数十分之一强。安溪人到台湾,除从事开垦水田外,也开垦大量的山坡地。安溪很早就是盛产茶叶的地方,安溪人移民到哪里,就把植茶、制茶工艺传播到哪里。安溪与台湾仅一水之隔,落籍台湾的安溪乡民把茶叶引种于台湾,此乃情理之中的事。所以现在台湾多数的茶农和茶商,其祖先都是从安溪迁台的。因此可以说,台湾植茶源自福建,其先驱者乃是安溪县的移民。

一、台湾的野生茶树

　　闽茶移植台湾之前,台湾已有野生茶树。据《诸罗县志》载:

水沙连(今南投县名间乡和竹山镇一带)内山,茶甚夥,别味色绿如松罗,山谷深峻,性严寒,能却暑消胀。然路阴,又畏生番,故汉人不敢入采,又不谙制茶之法。

叙述康熙年间,台湾山地已有大量的野生茶树,但还不晓得采制方法。

《赤嵌笔谈》中云:

水沙连,茶在深山中,众木蔽天,雾露蒙密,晨曦晚照,总不能及。色绿如松罗,性极寒,疗热症,最有效。每年通事与各番议明,入山焙制。

水沙连内山,产土茶,色绿如松罗,味甚清冽。能解暑毒,消腹胀,亦佳品云。

叙述雍正年间,山外的人始入山采制野生茶,作为解暑疗疾之用。如今在南投县的眉原山上,还保存着野生茶林。

二、闽茶传台概况

据《台湾通史》载,清嘉庆年间(1796—1820年),有一个名叫柯朝的台湾人,从福建回到台湾,把武夷山的茶苗成功地移植到台湾的鲸鱼坑(现在台北县瑞芳镇)。因生长良好,又用两斗茶籽酌时播种,结果收成也很丰富,于是便相继传播开去。如今台北县的文山包种茶名闻遐迩。

1862年,沪尾(淡水)开放港口互市,外商渐至。当时英国商人德克莱在台湾开设德记洋行,贩运鸦片、樟脑,深知茶叶有利可图,于1865年雇人到安溪购买茶苗,并以贷款方式鼓励农民种植和采制。茶叶收成以后,全部予以收购,然后运往海外销售。这是闽茶传入台湾的另一记述。

19世纪末,安溪大坪人张乃妙(1875—1954)随继父"唐山茶师"前往台湾,习得一手制茶技艺。1896年,受同乡族人资助,回家乡携带铁观音茶苗一批到木栅樟湖山种植。木栅乡民大部分是张氏宗族移民后代,大多善于种茶,精于制茶技艺。铁观音品种经过100多年繁殖,现在木栅、三峡一带广为种植。木栅是台湾出产铁观音最具代表性的地方,木栅生长的铁观音和采用乌龙茶传统采制工艺制作的茶被称为"木栅铁观音"。如今,木栅茶园列为台湾推广观光农业的一部分,是民众休闲游览的一个场所。各茶户大多有茶叶加工场、茶亭、品茶室,有的还有茶文化雅室。因此,不但台湾的社会名流经常到木栅张氏族人开设的品茶室品茗和购买茶叶,许多外国人和游客也慕名而来,以能品尝到正宗的铁观音茶为快。木栅铁观音茶,条索紧结,外形弯曲略呈半球状,汤味浓而微涩,回甘强,香气高,有清纯的果香味,汤色深黄,是台湾名茶之一。又台湾茶只要外形卷曲成半球状者,通常也称"铁观音"。二者品质的差别很大,所以在台湾购买铁观音茶,务须辨别清楚。

闽茶传台还有一个有趣的传说。据说1855年(咸丰五年),福建省城举行乡试,台湾南投鹿谷乡初乡村有一个好学不倦的书生名叫林凤池,意欲前往赴考,却因缺乏川资而难于成行。宗亲林三显见其有志进取,于是慷慨解囊,以川资盘缠助之。林凤池果然不负众望,高中举人。为了报答族亲资助的恩情,他在衣锦还乡之前,决意专程到武夷山一趟,把名扬海内外的武夷岩茶种苗带回家乡种植。于是由福建同宗陪同到武夷山,在游览了风景秀丽的"碧水丹山"后,即到天心岩永乐禅寺拜访该寺住持,并说明来意。住持听其言辞恳切,即送他36株茶苗,并嘱咐说:"此为乌龙茶佳种,希细心培育,分栽广植,子孙享用不尽。"林凤池把茶苗带回家乡后,分给小半天和大坪顶24株,但种植未获成功。余 12 株给林三显,则以土壤、气候适宜而生长旺盛。后经 100 多年的繁衍,终于成为今日驰名于世的冻顶茶。冻顶山面积虽不过百公顷,但冻顶山附近的凤凰村、永隆村、彰雅村等地开垦的茶园,由于地理环境与冻顶山类似,茶叶采制工艺又相同,故习惯上把这些茶园和冻顶山上所采制的茶叶均称为冻顶茶。

台湾包种茶

包装茶源于武夷茶初制工序,是乌龙茶特色之一。早期,南洋销售的乌龙茶,大部分是小包装茶。在厦门海关出口货物统计中,茶叶分为乌龙、包种、小种三类。"包种"即包装茶,占出口量达三分之二。台湾生产乌龙茶以后,仿效厦门包装茶式样,运销南洋各地。台湾包种茶在销区深受欢迎后,散装茶亦以"包种茶"名称出现于市场。加花窨制的称"包种花茶",主要作为小包装茶的配料。

一、包种茶溯源

据林馥泉在台湾出版的《乌龙茶及包种茶制造学》中载:

> 包种茶是清嘉庆年间由福建泉州府安溪人士王义程所创制,并由其在台北县茶区倡导及传授制法。

1881年,同安县茶商吴福源到台湾设立"源隆号"茶庄,从事制造包种茶,运销东南亚各地,每吨出口的平均价格437.66元(银元,下同)。由于价格便宜,颇受消费者欢迎。是年,包种茶出口22.14吨。1882年,安溪人王安定、张占魁等人合股组织"建成号",扩大包种茶经营,输出量逐年增加。1885年,安溪人王水锦、魏静相继到台湾台北县七星区南港大坑(现台北市南港区)从事茶叶栽培和采制工艺的研究。日本占领台湾后,聘用王、魏为讲师,向全省传授茶叶栽制技术。另聘安溪人张乃妙为"巡回大师",在职十年期间,四赴武夷、安溪觅寻茶叶采制技术,对包种茶、乌龙茶采制技艺进行改良,取得良好效果。1916年,荣获台湾总督颁发的"特等金牌奖"。1935年,台湾茶叶宣传协会以"功在台湾茶业"对张进行褒奖。于是包种茶销路日见扩充,渐与乌龙茶并驾齐驱,成为外销大宗商品。

台湾最早采制的茶叶是乌龙茶,经加工包装后的商品称"包种茶"。随着采制工艺的改良,包种茶遂形成自身独特的品质风韵,主要是它的萎凋与发酵程度比乌龙茶轻。由于团揉方法和火候程度的不同,故又分为两种类型。以文山为代表的包种茶,外形紧结呈条形状,采用中火焙制者,气味清香,又名"清茶",而以重火候焙制者,称"熟火包种"。以冻顶为代表的包种茶,外形弯曲紧结呈半球形,烘焙时间较长,汤色较浓。由于冻顶山种植的茶树皆青心乌龙,长期以来,大家习惯称之"冻顶乌龙",故无冻顶包种之称。

台湾种植的茶树有几十个品种,然较常见的优质品种仅七八个,其中青心乌龙和大冇乌龙种植的面积最多,其余如大叶乌龙、红心乌龙、黄心乌龙、梗枝红心、红心大冇、武夷种、铁观音、枝兰等也占有相当的数量。因此可以说,台湾是乌龙品种的天下,此乃台湾高档名茶较少之一因。

台湾植茶、制茶的茶农,大部分是安溪县的移民。虽在茶叶生产实践中采取安溪的传统技艺,并因地制宜地加以改进,然其气候、土壤等环境生态因素则非人力所能左右,故长期以来,台湾茶在乌龙茶类中除个别地区和个别品种外,大部分居于中、低档的位置。如出口乌龙茶和包种茶,每吨出口价格仅600～433元左右。抗战胜利后,在东南亚地区销售的台湾茶价格和使用状况,大部分雷同于安溪的中、低档茶。又闽南一带销售的低档茶——宝国水仙,其主要原料是台湾乌龙茶或包种茶配以少量的安溪低档的内田(今兰田)乌龙,以及5%左右的包种花茶。由此,当时台湾茶品质的梗概也就可想而知了。

近来,台湾初制工艺有了很大的改良,逐渐采用轻萎凋、轻发酵的方法制作,同时,条索状茶的制法逐渐减少,大部分制成紧缩状的球形茶,或称珠仔茶。清香的气味,金黄色的茶汤,颇符合年青一代的嗜好,尤其是高山地区的产品,色泽翠绿,香气特高,滋味甘醇,汤色橙黄清澈,深受国内外消费者的欢迎。

二、台湾茶输出概况

台湾茶兴起于福建乌龙茶退出欧美市场进入萎缩阶段的时期。曾任厦门海关税务司的英人包罗在《厦门》一书中说:

> 厦门茶(福建乌龙茶)的失败,并没有打击洋商,因为当它开始衰退之时,也就是台湾茶的市场发达时期。

1864年,英商都德洋行老板到台湾考察,多次把台湾生产的茶叶带到厦门进行研探。1865年与1866年,都德洋行与德记洋行开始在台湾收购茶叶,然后运至厦门加工与包装。因为洋商总行和栈房设在厦门,而厦门港口比较优良,大型太平洋邮船和大轮船可以将茶叶直接运往欧洲与美洲。1868年,都德洋行在台北板桥设立乌龙茶精制厂,由厦门聘请技术精良的茶师到台湾进行精制,开创台湾乌龙茶就地精制加工与出口的先例。1869年出口127.86吨至纽约,在美国东部及新英格兰各州出售,大受欢迎。之后,台湾乌龙茶在美国的销售量不断增加。1872年,在台湾经营茶叶的洋商有都德、德记、怡和等5家洋行。厦门、汕头商人先后到台湾开设的茶行有20多家。当时台湾制茶的资金，几乎都由厦门供给，主要是由汇丰银行贷款给洋行，洋行再转借给"妈振馆"。"妈振馆"多数由广东、厦门的买办经营，为洋商和茶商购销茶叶，并贷款给茶商。这样，洋商就完全控制了茶叶的产销，茶叶的价格也只能由洋商任意决定了。1875—1899年，台湾乌龙茶每年出口美国的数量在2400多吨至1.02万多吨之间，每吨出口的平均价格在604元左右。1894年，乌龙茶出口量达1.08万吨，金额达690万元，超过台糖，跃居首位。1881—1889年，包种茶出口到东南亚地区的数量在22.14～1560吨之间。台湾乌龙茶外销形势如此良好，为何还要发展包装茶，其原因有：一者，东南亚市场盛行销售包装茶；二者，可以解决一些低次茶叶的出路和获取比较丰厚的利润；三者，有牌号、商标的包装茶一旦进入市场，不但销路稳定，更为主要的是免受洋行的制约和摆布。

19世纪末至20世纪初，台湾包装茶大量输出的时候，很多安溪人于每年春天渡海到台湾做计件包茶工。多劳多得的计薪办法，大大地促进了包茶工的积极性和包装技艺与效率的提高。因此，不但包装的茶包方正美观，其速度之快，亦令人难于置信。最快包茶工每天从早到晚可以包150克的包装茶4000包左右，一般包茶工也有2000多包。

然而，台湾茶辉煌的时间也不长，竟步福建乌龙茶之后尘而丧失市场。20世纪初，印度、斯里兰卡、印尼等地红茶的输出量急剧增加，台茶市场受到很大的冲击。茶商为降低成本，掺以粗茶，以次充好，图谋挣扎，结果信誉日益下降，洋行即中止乌龙茶的收购，美国也禁止劣茶入口。包装的包种茶由于印尼当局对进口茶叶不断加重税额而失去优势，终于退出印尼这个主要的市场。至此，台茶外销市场仅存泰国、新加坡、马来西亚、越南和香港以及日本占领我国东北和华北的部分地区。因此,部分乌龙茶的产区改为生产红茶。1937 年,红茶产量达 7560 吨,输出 6970.8 吨,超过乌龙茶和包种茶的数量。

　　1941 年,太平洋战争爆发后,海运中断,台湾茶出口受阻而陷入困境。此时大量劳力转向粮食生产,茶园荒芜,茶叶产量锐减,1945 年的产量仅 1716 吨。抗战胜利后,台湾茶的销区除保持战前的销售地区外,还进入闽南和潮汕地区。台湾茶叶初制厂为适应市场需求而变更制茶种类,大部分茶厂皆备有各茶类的生产设备。至 20 世纪 50 年代,台湾茶主要还是生产红茶。1950 年,乌龙茶占出口量 10866 吨的 28.11%;1960 年,占出口量 14220 吨的 8.27%。20 世纪 60 年代至 80 年代初,主要生产绿茶。1970 年,台湾乌龙茶占出口量 24462 吨的 13.83%;1980 年,占出口量 22014 吨的 18.10%。20 世纪 70 年代末,日本兴起"乌龙茶热"后,台湾乌龙茶的出口量有了较大的增加,1990 年占出口量 7002 吨的 73.04%。

　　进入 20 世纪 80 年代,台湾茶叶出口量逐渐下降。其主要原因乃台湾自 20 世纪 60 年代实行外向型经济政策以后,工资和土地的价格不断上涨,茶叶又是费工大、产值低的产品,台币又升值,因此茶叶出口逐渐失去优势。斯时,一批有识之士倡议弘扬茶文化,以"茶艺"两字作为品饮茗茶的宗旨。1972 年,台北、高雄两地组织了"茶叶协会",创办中华茶艺杂志社,举办各种茶艺活动。1977 年,台北市仁爱路出现了首家"茶艺馆"。1982 年,正式成立台湾茶叶协会。饮茶有益健康的宣传,促使茶艺馆如雨后春笋般地出现。现在台湾有"茶艺馆"2000 多家,泡沫红茶馆逾万家,液体饮料的销售量于 1994 年跃居饮料市场的首位。台湾生产的茶叶,大部分进入内销市场,外销数量仅占 20% 左右,不仅一改过去以外销为主的状况,而且每年还大量进口茶叶。1991 年,台湾茶叶的进口量第一次超过出口量。1994 年,茶叶进口量达 10388 吨,出口量仅 4382 吨,由历史上的茶叶输出地区转为进口地区。

　　总之,台湾最早采制的茶叶是乌龙茶,经加工包装后的商品称包种茶。随着制茶工艺的改良和消费习惯的改变,台茶在采制过程中渐渐地向轻萎凋、轻发酵的方向发展,人们遂以半发酵的轻重作为区分台湾乌龙茶与包种茶的差别,并把两者并列为乌龙茶类的分类名茶。

潮汕凤凰水仙

　　广东省产茶历史悠久,陆羽《茶经》记载:"岭南生福州、泉州、韶州、象州。"韶州,即今之韶关。有些地方府志,如《粤东笔记》、《罗浮志》、《潮州府志》、《惠州府志》皆有关于种茶、制茶的记述。19 世纪 30 年代,全省种茶面积已达 30 多万亩,产量 8350 吨,为历代最盛时期。随着欧美市场的丢失,茶叶生产逐渐衰退。到 1949 年,全省茶园不足 8 万亩,产量仅 1000 多吨。

　　新中国成立后,广东省的茶叶生产有了较快的恢复和发展。1978 年,全省共有茶园 622900 亩,产量达 10335 吨,产品有红茶、绿茶和乌龙茶。乌龙茶主要产区在潮州、汕头、梅州等市。1998 年,产量达 13948 吨,占全省产量之 36%,居全国第三位,是汕头口岸传统的出口商品。

　　凤凰水仙是广东乌龙茶的主要品种。潮州市北面之凤凰山区由凤凰山、乌崠山、万峰山等组成,山高在海拔千米以上,是最适宜种植茶叶的地方。乌崠山就是凤凰水仙的产地。相传南宋最后的一个皇帝赵昺于 1278 年南下逃亡潮州,途经凤凰山时,口渴难忍,嚼吃这里的一种叶尖鸟嘴的树叶,顿觉甘醇无比,止渴生津,故后人遂把这株茶树称为"宋茶"。据《潮州风情录》记述,这株茶树于 1928 年枯死,但从这株茶树培育的后代,如今传遍了整个凤凰山区,现有茶园 1.7 万亩,产茶 500 吨。目前乌岽山尚有三四百年前的"宋茶"后代,其中最大的一株高 5.8 米,树幅达 7.2 米,茎粗 0.34 米,单株产茶 35 公斤。一般茶树也有二三米高,所以采茶时往往借助于凳子或梯子,其后又有人在茶树旁边砌上半截的石篱,由石阶登上篱顶,可供十几个人同时采茶。由于茶树生长的叶片多略向上生,呈长椭圆形或椭圆形,叶形多数平展或略向面卷,色绿,有油光,先端突尖,叶尖下垂,形似鸟嘴,因此称之"鸟嘴茶"或"凤凰水仙"。

凤凰山何时开始生产茶叶,有待查考。元代《三阳图志》曾对潮州不产茶而要纳茶税颇有异议:"产茶之地出税固宜,无茶之地何缘交纳税?潮之为郡,无采茶之户,无贩茶之商,其课钞每责于办盐主首而代纳焉,有司者万一知此,能不思所以革其弊乎。"直至明饶相的《茶山增茶记》才记载大埔产茶的盛况。其后,乾隆《潮州府志》也记载饶平百花山、凤凰山,大埔大麻、阴那山产茶的情况。所以潮州种茶大概始于明而盛于清。

凤凰水仙由于选用原料优次之不同和制作技艺精细之差异,成品茶按品质的优次分为凤凰单枞、凤凰浪菜和凤凰水仙三个品级。凤凰单枞有"形美、色翠、香郁、味甘"之誉,其条索挺直肥大,色泽黄褐呈鳝鱼皮色,油润有光。茶汤橙黄,清澈,叶底肥厚柔软,边缘朱红,叶腹黄亮。味醇爽回甘,具天然花香,香味持久,耐冲泡。凤凰水仙畅销于潮汕地区,是东南亚地区潮汕籍侨胞最喜爱的名茶,1986 年被商业部评为中国名茶。

采制加工多技艺

乌龙茶与"天、地、人"

　　茶叶生产是一项程序繁杂、技术难度较大的劳作。从茶园开垦到制成毛茶,须经过选种、育苗、移植、管理、采制等缺一不可的过程,而单单管理一项,则又包括培土、施肥、修剪和防治病虫害等技术性很强的环节。茶叶采制工艺的不同,可以分别制成不发酵的绿茶、全发酵的红茶和半发酵的乌龙茶以及白茶、黄茶与黑茶。再经加工复制的产品有花茶、紧压茶、速溶茶、果味茶、药用保健茶,而其中采制工艺最为复杂和独特的要算脍炙人口的乌龙茶了。"要制好茶(指优质茶叶),须靠天、地、人。"这是流传在乌龙茶产区的一句农谚。它高度概括了千百年来茶叶生产中的一条实践经验,即要使乌龙茶的形、色、香、味达到最佳境界,没有天时、地利和人为因素的完善配合是不可能的。

一、天

　　所谓"天",即天时,指的是气候。一般人较注重茶叶采制期间气候对茶叶品质的影响,其实,从茶园位置的选择一直到成茶进入仓库保管期间,茶叶品质在每一个环节都在受到气候因素的影响,有些环节甚至影响到茶叶的产量和质量。高山之所以能出产好茶,首先是因为高山地区能经常提供一种云雾游漫,适应茶树喜爱阴湿习性的自然环境；其次，高山地区气温低，昼夜温差大，芽叶生长缓慢，有利于茶树形成充足的营养成分。故长梢叶嫩而厚，是制作优质茶叶的最佳原料。仅以武夷山为例，其山乃历来盛产"大岩"、"半岩"名茶之地，但山下平原地域虽与山上高度相差不过百米，而所产的茶叶品质却相差甚远。1734年，崇安县令陆廷灿的《随见录》中说："武夷茶，在山上者为岩茶，水边者为洲茶。岩茶为上，洲茶次之。"推其缘由，乃因高山区域存在着适宜茶树生长这一得天独厚的条件。此外，高山地区凉爽的气候特别适宜茶叶初制时的发酵过程，有利于在制茶师精湛技术的配合下，促使茶叶的形、色、香、味达到上乘的境界，这是低山地区所不能与之并肩比美的。不过所谓高山，并不是山越高越好。在茶叶生产实践中，一般认为以海拔1000左右米为宜。所谓茶树喜爱阴湿，也并非雨量越多越好，这里有一个适当和适时的问题。茶树越冬以后，如果雨量过少，气候干燥，水分不够或春雨连绵不断，日照不足，气温偏低，同样会造成根芽无法伸展，新梢芽小叶薄的现象。因此，作为气候重要因素的雨量，过多或过少都将影响到茶叶的质量和产量。下面再从两个方面来进一步阐述气候因素对茶树生长和茶叶制作以及茶叶品质的重要影响。

1. 不同季节采摘的茶叶，其品质亦不能同日而语。乌龙茶树一般一年萌芽四次，成茶习惯上按顺序称为春茶、夏茶、暑茶和秋茶（或称首春、二春……)，个别地区采摘五次的则称为冬片。茶树经过越冬，在5～6个月的休养期内已积蓄了大量的养分。春天到来后，雨水充沛，气温逐渐升高，茶树缓慢地生长，新叶长势厚实柔嫩，此种在入夏前后采摘的茶叶称为春茶。制成品条形肥壮，色泽光嫩，香味醇浓而耐于冲泡，品质和产量居各季之首。立夏以后，气温继续升高，茶树生长迅速，高山地区在春茶采摘后的50多天（夏至前后）再次采摘茶叶，称为夏茶。由于生长期短,新梢易呈老化,其成茶条形粗细欠匀,色泽暗褐,香气短而水味涩,产量仅为春茶六至七成。夏至以后,茶树芽梢因气温较高而生长加快,由于生长期缩短至40多天,此种在立秋至处暑期间所采摘的茶叶称暑茶。其成茶色泽黄褐,水味苦涩而略带磺味,产量只占全年25%左右。立秋以后,气温渐降,雨量锐减,在秋分前后至寒露期间采摘的茶叶称秋茶。由于在这个期间采摘的茶叶,生长期与夏茶差不多,茶树长梢亦呈参差不齐状,但秋高气爽的气候有利于茶叶香气的形成。故成茶以香高沁鼻而享有"秋香"的美称,但产量仅占全年15%~20%。至于低山地区,虽然各个季节采摘的间隔时间比较短,一年可以采摘五次以上,但各季成茶的品质均未能与高山地区比美。

2.在茶叶采制期间,气候的状况将直接影响到成茶的品质。所谓"其日有雨不采,晴有云不采,晴采之",是茶圣陆羽在1000多年前的《茶经》一书中所记录的宝贵经验。说的是在茶叶采摘期间,只能选择在晴天的时候采摘。陆羽的论述,直至今天,仍然是乌龙茶采制中的一个重要法则。因为阴雨天没有日光可供晒青,空气中的湿度又大,采摘后的茶青无法蒸发水分,茶叶的萎凋程序也就难于正常进行和达到要求,制成的茶叶不仅缺乏香味,而且夹带有生涩的水闷味。关于这一点,明末阮旻锡在其《武夷茶歌》中写得相当具体:

凡茶之候视天时,最喜天晴北风吹。

苦遭阴雨风南来,色香顿减淡无味。

阮氏以茶歌形式概括了这样一条经验:茶叶采制期间,干燥凉爽的气候有利于茶叶形成香高味浓的上乘品质,而气温高湿度大的"南风天"(俗称南风火)则难于制得好茶。可见气候对茶叶的产量和质量的影响是至为重要的。

二、地

所谓"地"，指的是土壤植被状况和具体的地理环境。茶树理想的土壤以含细碎石或风化石的石碎地为上。因为此类含有丰富矿物质和其他营养成分的土壤，能使茶树长出的芽叶肥厚而耐于冲泡，滋味醇浓。而植被为黄土者，由于土质黏性大，容易凝固成块，矿物质含量较少，因而生长出来的茶叶滋味较淡。至于植被为瘠瘦的沙土壤，则品味又差了一筹。明代程用宾《茶录》对茶园土壤这样描述：

> 茶无异种，视产处为优劣，生产幽野，或出烂石，不俟灌培，至时自茂，此上种也。肥园沃土，锄溉以时，萌蘖丰腴，香味充足，此中种也。树底林下，砾壤黄沙，斯有产者，其第又次之。

其实，选择耕地的地理位置比土壤的因素还重要。从生产实践经验看，在高山上一些土壤状况并不比平原地区良好的茶园，其所产制的茶叶品质一般皆优于平原地区。1960年，福建省省长叶飞到全国茶叶三个模范村之一的安溪萍洲村调查茶叶生产时，用"山高气候冷，雾多红壤土，适合种茶叶，铁观音香"概括了该乡的地理位置、气候、土壤和茶叶的品质状况。该乡的土壤并非上乘，而茶叶的产量和质量却能压倒群芳而成为模范村，此实获益于高山地区优良的环境。又茶园在阴面山的比阳面山好，《随见录》中说："岩茶，北山者上，南山者次之。"此乃阴面山日照时间短，土壤比较润湿，适宜茶树喜阴湿的习性。可见土壤及茶园位置的选择是发展茶叶生产过程中不能不详加斟酌的重要因素。

三、人

在茶叶生产中,必须详加叙述的是一个"人"字。所谓"人",指的是生产实践诸环节中的纯人为因素。从茶园位置的选择、开垦,一直到成茶上市每一个环节程序,莫不都包括着不同的操作和管理的技艺。当茶叶生产在相同的"天时"、"地利"条件下进行时,可以说采制和管理技艺将成为决定成茶品质优劣状况的至要因素。直到目前,复杂奥妙的茶叶采制工艺,仍然必须依赖于制茶师的实践经验而无法采用仪表、仪器来加以分析控制。而此种实践经验可以归纳为"因地制宜、因时制宜、因物制宜",现分述如下。

(一)采摘

茶叶经过越冬期,在春雨充沛和阳光缓和的状况下,逐渐出芽长梢,并于谷雨过后渐次长齐。一般当新梢顶叶展开之际,即应不失时机地进行采摘。农谚中"前三天是宝,后三天是草"的说法,指的便是适时采摘茶叶的事。实践表明,过早采摘不仅会降低产量,成茶亦往往出现外形晦暗细秀、香细味淡及特征不明显等情况。如果过迟采摘,虽然产量略有增加,但成茶外形枯黄粗松,香粗味淡,并将影响后一个季节的采摘期和产量。

茶叶标准的摘法是一芽二至四叶,以顶叶中开面或小开面为宜,每采摘,务须摘至靠近叶腋处,切忌留梗在枝上。对于新梢则必须采取有采有留,点到为止的方法,以保证茶树在经过采摘后仍然旺盛成长。而对于成垄的茶园,则做到以采齐为准。对采摘的新梢超过三四叶者,应视叶片多寡折为几段。有经验的茶农还注意到:当采摘下的茶青投入笼内时,不仅必须防止因挤压造成茶青的折伤和升温,还应做到及时运回加工场摊凉。可见为了做到保质保量,不能不对采摘的适时性及方法问题做一番探讨。

(二)晒青

当采摘的茶叶从茶园运回加工场后,应视茶青水分、叶色的情况分别进行处理。含水分少者,宜按其在早、午、晚等不同的采摘时间归类分开摊凉,确保鲜叶的质量。由于茶青在摊凉后,含水分仍然很高,因此宜用天然阳光进行晒青。一般光晒以太阳下山前光线比较微弱的时候为宜。至于含水量较大或叶色浓绿者,可置于日照强光下进行两次晒青,但两次光晒之间应作摊凉处理。晒青的规范方法是把茶青均匀地扰散于晒具平面上,避免重叠积厚,并于晒青过程中酌时将茶青翻拌二至三次。此外,晒青时应注意适度,含水分少的茶青晒至顶叶下垂,含水分大或叶色浓绿者晒至全部叶片均呈轻度柔软,以手触摸略有柔滑感,而叶色已由青绿转暗绿及青草味消失时,即应及时将茶青移入室内进行摊凉降温处理。至于阴雨天没有阳光可以晒青时,则往往采用风力(包括热风)或加温的传统方法来促使茶青的萎凋。应该注意的是,对不同品种、不同季节及处于不同条件下的茶青,其晒青的程度也有不同的要求。可见从制作一开始便包含着许多不能不详加考察的学问。

(三)摇青

摇青堪称是乌龙茶制作中最重要的环节和独具特色的工艺。"绿叶红镶边"这一富于诗味的乌龙茶特征,便是依靠摇青工艺摇出来的。传统的摇青工艺是以特制的半球形茶筛装盛着茶青做连续性的摆动。

一般地说,经过晒青处理后的茶青需要摇青四次,含水分多或叶色浓绿者必须增至五至六次,而且还应与摊凉作业间隔地进行配合,其劳动强度之大可以想见。

滚筒式摇青机的问世,不但大大地降低劳动强度,而且大大地提高摇青的数量。每次上筛(筒)的茶青数量宜先少而渐多,每次摇青的间隔时间宜先短而后长,每次筛摇滚转的次数则宜由少而多。茶青经过多次间隔相续地摇青和摊凉处理,因不断互相摩擦碰撞,不仅水分逐渐散失,内部物质成分也渐次发生化学变化。当茶青在发酵后叶身呈现黄绿色而边缘呈现朱红色,以手触摸产生软滑感,并且能散发出一股清香及品种香时,必须立即采取"杀青"措施,使青叶停止继续发酵。尽管在20世纪50年代末期已使用人力或电力的滚筒式摇青机来代替古老的筛摇作业,但直到目前,仍然无法运用仪器观测和调节技术以代替茶师的感官和实践经验去控制和处理在摇青工序中所出现的各种复杂微妙的情况。因此,农谚中所说的"看天做青,看青做青"以及"摇断双手出好茶",确实道出了这一传统工艺在乌龙茶制作中的重要地位。

(四)杀青

杀青俗称炒茶,即把经过适度发酵的茶青投入烧热的锅鼎中进行翻炒,使其停止发酵和大量蒸发水分,并使梗叶进一步柔软化。传统的杀青作业采用双手翻炒的方式,后来虽然改用特制的半月形木板代替人手,但在武夷山区,由于茶师们认为人手的敏感度和灵活性实非木板可比,故在炒制岩茶时,仍多沿用传统的法式,炒茶工人双手被烫起泡已成了习以为常之事。

目前,乌龙茶杀青普遍采用手摇或电动杀青机和电动滚筒杀青

机。值得一提的是,在杀青工序中有两个"适度"被视为关键之所在:

一是炒鼎温度以达到230℃左右为宜。当茶青投入锅鼎后发出大而密的"噼啪"声响时,说明温度过高,容易导致成茶内含焦味;当声响显得稀疏乏力时,则表明温度偏低,如不及时调整火温,可能造成叶青泛黄而成茶则夹带闷黄味。叶色浓绿含水量较大者应炒熟炒透。

二是当茶青翻炒至柔软卷皱、闻之无生气味,而捏握之有黏性感时,应立即起鼎停止翻炒,以便进入另一道制作工序。在上述作业中,我们同样可以看到,尽管运用现代炒茶机大大地改善了炒茶工的劳动环境,但机器仍然无法离开富有传统经验的茶师们的主导作用。

(五)揉焙

为了使经过杀青处理的茶青形成紧结美观的条索状外形,必须进而采取揉焙处理,即对离开锅鼎后的茶青趁热做揉捻(初揉)处理。千百年来,初揉或用足踩之,或以手揉之,故民谣中有"头遍吃脚汗,二遍吃茶叶"的说法。20世纪50年代末出现的揉捻机虽然有利于减轻劳动强度和卫生条件,但却往往因茶梗脱皮和茶枝破碎的弊病而给加工带来了麻烦。经初揉后已呈现卷曲条状的茶坯,应即扰散摊开,使其挤出的湿热水汽迅速蒸发掉,待摊凉后即装入竹制的焙笼或烘干机,酌情以木炭、煤炭、木柴或电热的火温进行烘焙。烘焙的一般程式是"初焙—复揉—复焙—再复揉—走水—烘干",有的茶坯要进行三焙三揉处理,其目的在于促使湿茶急速失去水分。初焙时一般以100℃左右的火温对摊开为薄层的湿茶作急速性加温。由于温度较高,宜适时翻焙,避免烤焦。复焙旨在促使茶坯继续蒸发水分,故火温宜为稍低。经过初焙或复焙的茶坯,应及时进行团揉处理,即以70cm见方的茶巾或茶袋将烤热的茶坯包裹成球状茶团,继之或以双手搓揉之,或以双足踩揉之。

至此,宜注意如下的法则:凡是以双手揉过的茶团,应原封略置片刻,俟其内部茶叶外形稍为固定后,再解开布团取出茶坯,经扰散后再进行复焙处理。凡是以双足踩揉过的茶团,由于体积较大,内部温度较高,茶叶容易闷热发黄,务必迅速解开布包并摊散,而后进行复焙处理。生产实践表明,以双手搓揉的成茶呈紧缩弯曲的索状条形,最符合乌龙茶的标准形态。以双足踩揉的成茶,虽然在同等时间内完成的制作数量比前者多出几倍,但其外形略为扁直,亦往往内含闷黄气味,一般使用于制作数量较大的中、下档产品。包揉工序虽然早已出现包揉机,但是成茶外形还是难以达到乌龙茶的标准,处理不当还会影响成茶的品质。

武夷岩茶的焙揉工艺更为别致。武夷岩茶于采摘当天午夜前后即进行炒制,采用双手进行炒揉。复炒乃将初揉的茶坯撒在温度略低的鼎中停顿片刻,俟叶片烤热后,以双手指尖夹茶翻转。如此反复,趁热再揉,武夷岩茶的"岩韵"与这种名炒实焙的独特工艺是有着密切相关的。可见焙揉工序要达到乌龙茶的标准要求,还得靠制茶师精湛的技艺来完成。

经再复揉的茶坯,在走水烘干的工序中,为了使经过团揉而在茶团内形成索条状的形态不再松舒变形,只能用适宜的力度把布包内的茶团略为压松,使其处于似松非松、似散非散的状态,继之解开布包,取入笼具内,以低温慢火进行烘焙,俟其自然舒松,始将茶团全部散开,并继续进行烘焙。当茶叶的干度达到八至九成时,还应倾出摊凉,然后再度入笼,进行最后的烘焙。烘焙过程应翻拌数次。当茶叶烘至气味清纯可闻,握之有刺手感而茶梗稍折则断时,整个复杂的制作过程便算完成了。此时的成茶称毛茶,其含水量在7%以下,可做较长时间的贮存。

综上所述,我们可以获得这样一个深刻的印象:在乌龙茶采制的每一个纷沓繁杂的工序里,无不浸透着茶师、茶工们的智慧和血汗。虽然部分制茶工艺在 20 世纪 50 年代以后逐渐走上机械化、半自动化的道路,但是茶工们那许许多多精妙复杂的操作经验和人为技巧,却仍然具有不可代替或完全代替的重要性。在乌龙茶采制的每一个季节,茶农、茶工们凭借着他们的双手和感官,从采摘、晒青、摇青,一直到杀青、揉焙,几乎是夜以继日不停地劳作着。可以说,即使在良好的气候和地理环境条件下,如果缺乏这个茶叶采制程序中活的主体,如果缺乏这个主体所应有的精湛技艺,便不可能造就乌龙茶上乘的品质。

尽管大自然之造化不以人类的意志为转移,尽管气候和生态环境是茶树生长及茶叶采制中至为主要的因素,但是无论如何,人为因素却仍然是茶叶生产全过程中最重要的因素。千百年来,即使在比较低下的技术条件下,生产者也凭借自己丰富的实践经验和制作技艺,因时制宜、因地制宜、因物制宜地弥补着大自然所造成的不足。今天,不仅可以采用科学改良土壤植被的方法来提高茶叶生产中的产量和质量,而且在生产技术科学化、现代化的进程中,相信生产者还将进一步采用调温、调湿等方法来改变茶叶制作中那种"有雨不采"、"苦遭阴雨风南来"及"看天做青,看青做青"而备受制约的烦恼。

乌龙茶的拼配方法和火功掌握

    乌龙茶从毛茶到进入市场的商品茶,中间需经过精制深加工、小包装等环节。精制即把收购进来的各级毛茶在统筹的原则下分批投放加工,经毛茶拼配、筛分、风选和拣剔梗片杂物后,正茶按标准的比例进行拼堆、烘焙、摊凉、匀堆、装箱,即成为系列的散装商品茶。如特—4级武夷水仙、武夷奇种、闽北水仙、闽北乌龙、铁观音、色种等等,副茶分细茶、粗茶和茶梗。

    小包装茶加工,一般以散装商品茶作为原料,各茶商根据市场需求,自创拼配方案,或焙后匀堆;或再筛、风,把梗片蒂头剔除干净,条形长者切为二三段,然后拼堆、烘焙、匀堆。继而以名枞或自立的品名,用大小锡、铁罐、纸盒、复合塑料袋等包装成花色品种繁多的系列小包装商品茶,如大红袍、铁罗汉、名色种、水仙种、老枞水仙、武夷名种、留香小种、铁观音、一枝春、黄金桂、佛手种等等。长期以来,消费者在选购小包装茶叶时,十分重视所产公司或茶庄的名称,亦甚重视产茶岩名或茶树品种和茶叶品名。以厦门为例,中茶(厦门茶叶进出口公司)老枞水仙、铁观音、正溪茶……十分受欢迎、喜爱。老一辈的茶人还念念不忘的有文圃小种、集泉铁罗汉、奇苑曼陀西水仙、源美峰岫岩水仙、芳茂浆潭水仙、尧阳铁观音……这些品名,代表了某些品种的特征和不同档次的品质水平,所以经营者十分重视创立名牌商品。

茶叶加工过程中对拼配方法与烘焙的技艺，与茶叶品质的保证和提高关系尤为密切。

一、拼配作用与方法

乌龙茶以茶树品种分别进行采制，品种繁多，产地环境又各不同，兼之采制技术高低有别，还有季节、老嫩、新陈等之分，所以它们的品质和价格的差别是很大的。茶叶制成以后，如果不按标准拼配，其产品品质必然难以保持一致，也势必造成产品销售的波动。运用拼配方法，可以人为地发挥不同原料茶的特长，并按市场需求，生产出品质与价格在一定水准上稳定的系列产品，且能从中获取更大的经济效益，这是保证茶叶品牌的重要手段。其要领如下。

(一)质量平衡

1. 地区调剂

不同地区生产的茶叶，其质量皆不尽相同，甚至同一座山，山上与山下采制的茶叶，其质量也不一样。如闽北崇安、建瓯等地生产的茶叶，它们的品种与外形虽然相同或近似，但内质的差别则相当大。盛产名茶的武夷山，山上与山下的差距只有数十米，山上采制的茶叶是上乘的岩茶，山下采制的茶叶则是洲茶，这些峰岩范围以外的外山茶的质量就差得更远了。闽南安溪、永春与漳州地区生产的茶叶，它们的品种大部分相同，外形也比较类似，但在色、香、味方面的差别也是很大的。在拼配过程中，对于各地名茶，只能以各地名茶的原料进行加工，才能保持名茶的特色和风韵。如高档武夷水仙和奇种，只能以高档武夷岩茶的原料进行加工;高档铁观音产品,只能以高档的安溪铁观音作为主要原料。这样才能保持"岩韵"、"音韵"的特征。其他中下级茶产品,则可以优带次进行拼配调剂,取长补短,这样既能弥补畅销原料茶的不足,也为茶叶品质差的地区解决产品的出路。

2.季节调剂

乌龙茶一年一般采摘四次,即春茶、夏茶、暑茶、秋茶。低山地区或气候比较暖和时,还可以采摘冬片。各个季节的茶叶,都表现出各自不同的特点。春茶生长期长,成茶条形肥壮,色泽沙绿油润,气味浓郁醇厚,是四季中的佼佼者;夏暑茶生长期短,采摘期间气温高,成茶条形较小,色泽晦暗或黄褐,香气不足,滋味则有苦涩感;秋茶及冬片采制期间昼夜温差大,成茶条形与夏暑茶差不多,略稍轻飘,而香气清高,但滋味则不及春茶。高档产品,应以高档的春茶作为主要原料,小包装茶可适当拼入少量高档秋茶以提高香气。其他中下级茶产品,则以四季茶叶经不同火候处理后,按不同商品茶的品质要求进行拼配。夏暑茶留在次年使用,其苦涩味可稍退,而胜于当年使用。春茶既然是一年中的佼佼者,故经营者在春茶登场以后,都注意酌情储备,便于安排全年拼配使用,以保持各个定牌产品品质的平稳。

3 新陈调剂

新采制的茶叶,香气虽高,但水味清淡且不耐冲泡,故新陈茶叶宜混合使用。新茶比例宜由少到多,避免滋味改变过大,这是扬长避短,力求香味俱佳的一有效方法。

4.不同特征茶的调剂

中低级小包装茶的产品,特别是拼入不同制法的原料茶,其滋味往往欠佳,香气较低,可视不同产品加入适量(3%～5%)窨制的桂花茶或栀子花茶,则不但能提高香气,还能减轻低级茶或不同制法茶叶的不良气味。对高级茶而言,如果拼入花茶,反而会夺其天然真味,这是实践经验,不能不引起注意。

在地区、季节、新陈原料茶等的调剂过程中,外形和内质的调剂应同时进行。由于条形有粗有细,色泽也不尽相同,故须通过拼配调剂,才能使各个产品的外形保持与特定品牌产品相一致。此外,采购的原料茶,不可能与原有品牌产品的品质相同,只有通过拼配调剂,才能使新产品与原有品牌产品的品质相近似。但在选用原料茶时,必须选用品质比较近似的品种和原料,才能拼配出合格的产品。如果选用品种特征不同或为平衡价格而投下品质优劣差距过大的原料茶,其形、色、香、味势必难于达到原有产品或样品的品质水平。

(二)价格稳定

茶叶因产区、季节、品种、等级等的不同,造成了价格上的差异。要保持特定品牌产品价格的稳定,同样需要运用拼配的方法予以调剂。实际上,当每种产品品质进行调剂时,应进行成本核算,同时进行价格调节。因为当品质调剂到符合要求的时候,价格基本上应该与计划相接近。如果价格与计划相差过大,说明拼配的原料茶中存在价格偏差或其他原因。当这种情况出现的时候,应首先考虑保证"质量第一"的原则,以重信誉,保品牌,绝不能为平衡价格而降低产品的质量。产品品名与销售价格相对稳定,在销售过程中,指名取货,按货付款,不仅可以增进特定品牌商品茶在客户和消费者中间的印象,还能使购销双方心中有数而感到十分方便,这也是创立名牌的有效途径之一。

要做好茶叶拼配工作,应该做好如下几点:

1. 心中有数

全面了解库存原料茶的品质状况和数量,充分发挥各种原料茶的特长和拼配出各种称心如意的产品。

2. 先小后大

根据产品或样品开列拼配单以后,对各种原料茶应先进行评审和试拼。该重新处理的要处理好,然后按比例拼小样,再与前批产品或样品进行对照评审,质量符合要求后,才进行大堆拼配。

3. 拼和要均匀

在拼堆时,应该把两种以上不同的原料茶严格按比例,分若干层次进行匀堆,粗壮轻飘的茶叶应放在每层次的下层,紧结沉重的茶叶或碎末茶放在上层。乌龙茶因为条形粗长,采用机械匀堆后,往往出现出茶口不甚通畅的麻烦,故多采用人工挖堆。挖堆时,要分段由上而下垂直开挖,细心翻拌,力求均匀,避免同一批茶叶中出现品质差异而造成麻烦。

4. 调查研究

要做好市场调查研究,了解各销区对茶叶的饮用习惯和质量的需求,才能够生产出适销对路的产品。

二、火功作用与操作方法

制成茶叶或制成优质的商品茶乃至对茶叶的品尝,都不能缺少火功。所谓"制茶（指精制）没有窍，只要火功到"。乌龙茶对火功（或称火候）的要求，比其他茶类显得更加重要。因为只有借助于恰到好处的火功，始能使乌龙茶的形、色、香、味达到最理想、最优美的境地。所以乌龙茶区有"茶为君，火为臣"的谚语。严格地说，乌龙茶的精制，除对茶叶外形适当整理外，火功掌握是其重要一环。精制属原料茶阶段，火功宜轻不宜重，有"轻保险，重危险"之说。

乌龙茶在国内外消费市场中，习惯采用小包装茶样式。小包装茶大部分又是经过加工的，其加工过程的火功，称足火功。其火功皆由最后出售给消费者的茶店处理，而各茶店销售的地区及对象各不相同，因此，火功的差别是很大的。按照目前乌龙茶的消费习惯，这个环节的火功是相当重要的。因为精制后的散装茶，从产区和批发商到茶店，必须经过一段相当长的流转过程，而且小包装茶多数又是由新陈或几种不同原料茶拼合而成的，茶叶含水分既高，其火功又不尽相同，香气滋味亦各有差异，故对各种不同的原料茶，必须以不同的火温分别加以处理，才能把茶叶中的水分减少到最低的限度，使之不易变质，以利于长期储存。同时使火功、香气、滋味融合如一，达到增加滋味的浓度和提高香气的目的。一般地说，火功要求稍轻者，可以适当的火温缓慢地一次烘足。而火功要求稍重（足）者，则不宜猛火一次烘足，宜分二三次烘焙，即以适当的火温先做"走水焙"，经匀堆后再以适当的火温缓慢地焙足，俗称"吃火"。这样，火力才能达到茶叶的内部，避免外熟内生，则滋味醇而不粗，保持色泽亮而不暗。有些茶店的"名牌茶"之所以脍炙人日，火功即是其取胜的一大原因。

由上可见，茶叶在精制或制成小包装茶的过程中，火功虽是至关重要，但拼配的技艺也显得同样的重要。二者必须紧密地配合，始能生产出形、色、香、味俱佳的产品。

乌龙茶制作的火源问题

茶叶的制作必须借火温的辅助,故有"茶为君,火为臣"之说。至今,火温的获取有下述三种方法。

一、从木料获取火温

茶叶杀青需要较高的火温,主要利用木材燃烧时的火温把锅或滚筒烧热,以去掉茶青中的部分水分,使枝叶形成柔软状。焙揉与烘干阶段使用木炭为燃料,使湿润的茶坯继续去掉水分而成为毛茶。初制或精制使用的木炭,务须把木炭中未燃烬的木头去尽,并把整根木炭敲打成段,放入焙具中。初制一般一日生火一次,待木炭烧至将发红时应立即把整段木炭压碎压紧,盖上草木灰后,稍停片刻就可进行烘焙。精制茶在厂商之间制作,设备比较齐全,不但有固定的焙房,沿焙房墙脚用白泥土筑造整环的烘焙窟。烘焙窟呈圆筒状,直径 45 厘米左右、深 50 厘米左右。生火时,先把部分木炭放入焙窟中点燃,然后陆续添炭,每窟用炭约 50 公斤,待木炭烧至将发红时,应及时用铁铲把燃烧中的木炭铲碎压紧。这时,四周焙窟中的木炭都在燃烧,焙茶师的操作虽然快速利落,但每操作一次,总是汗流浃背,泪水汪汪。最后把木炭上部整理成半球状,盖上草木灰后,须待杂味去净,再把焙茶笼烘热,方可盛茶叶烘焙。20世纪50年代以前,乌龙茶烘焙皆采用这种称谓"熟火"的生火法。另一生火方法是把木炭敲碎后放入焙窟中压紧,由上面点燃木炭后,盖上草木灰,称"生火"生火法。此法操作虽然容易轻松,但木炭中含的水分、杂味和未烧烬的残渣产生的烟杂味,往往影响茶叶的品质,因此采用"生火"生火法者较少。采用木炭焙茶,除生火时劳动强度大以外,每天还需"开火"一次,即把已烧尽的木炭死灰取出,然后用铁铲沿焙窟的周边把木炭稍微铲动,使其燃烧。压紧后,盖上新的草木灰。木炭生火一次,可持续烘焙茶叶15天左右。

二、以煤代木炭获取火温

《茶经》云:"其火用炭。"说明烘烤茶叶有史以来就是使用木炭为燃料。由于工农业生产的不断发展,森林受到很大的破坏,木炭供应日趋紧缺,政府遂大力提倡用煤。茶叶部门是木炭使用的大户,由于木炭供不应求,因此时常受到制约,以煤代木炭焙茶势在必行。由于煤炭燃烧时会产生臭煤味,茶叶是最容易吸取其他异味的物品,如何能使臭煤味去掉,众说纷纭,莫衷一是。1958年,在比、学、赶、帮、超和大搞技术革新运动的催促下,笔者经过思考和揣摩木炭烘烤茶叶的现状悟得:如果造一座煤灶,把鼎倒翻在灶上,于接合处用灰土封密,煤气则由另设的烟道排出,这样鼎上升起来的火温就与焙窟中木炭的火温相同。经过初步试验,肯定了这种方法的可行性。继之,经持续摸索,终于掌握了使用煤炭焙烤茶叶的最佳操作方法,并于同年底正式投入生产。以煤焙烤茶叶的改革,不仅为国家节约大量木材,且操作简便。要焙时马上生火,不焙时则随时停火,不受时间限制,大大地减轻了劳动强度。此外,采用煤炭焙烤茶叶比传统的操作方法快速和安全,生产操作环境的卫生状况也大大得到改善。此项新成果,不仅被编写成话剧《打破千年陈规》,参加厦门市技术革新成果文艺汇演,还通过在省、市举行模型展览,加以推广。尔后,漳州、泉州、汕头等地的同业,先后派人前来观摩并仿造使用。现在乌龙茶产区仍然采用以煤焙制茶叶。

三、以电代炉获取火温

以煤代木炭焙烤茶叶后,虽然没有燃料短缺之忧,但是这种落后的手工生产工艺,难于适应现代化和大规模的生产需求。20 世纪 60 年代以来,以木材或煤炭燃烧钢管送热风的大型茶叶烘干机,适宜于烘烤温度较低的茶叶。乌龙茶中的小包装商品茶要求较高的火温,因此必须将钢管烧至发红,温度才能达到。这样高的火温,钢管两三天就被烧烂,时时须要停工更换。当时钢材供应还是很紧,供应部门说:"像你们这样烧钢材,炼钢厂铸不够你们用。"这话当然是夸张的言词,但也道出了这种获取火温的方法必须改进,所以改革迫在眉睫。1974年,笔者在工厂接受监督劳动,有机会参加烘干机高炉的改革,在大家出谋献策和努力下,改进了以电代高炉送热风焙烤茶叶的方法。至此,要求以较高火温焙烤的乌龙茶,在操作、质量、卫生等方面,可以说达到了最理想和最优美的境界。

乌龙茶的保管

茶叶的品质,既然要从形、色、香、味四个方面进行评审,那么茶叶的保管,完整地说,也就同样地应包括上述四个内容。

一、形

茶叶外形是否雅致,不仅关系到它在消费者心目中的印象,而且还涉及到其内在的品质问题。如乌龙茶条形比较粗长,特别是武夷水仙、闽北水仙,条形长达5～6厘米,稍不小心,一折即断。而铁观音、色种、乌龙,其条形虽然比较圆曲紧结,但同样易为外力所碎断。实践证明,乌龙茶外形如果过于断碎,不仅有损于它原来应有的风度,更重要的是,由于条形的断碎,附杂在茶叶中灰尘状的茶叶粉末也相应增加了。这种粉末在冲泡时会悬浮于茶汤中间,使之呈现不同程度的浑浊,当其沉淀于杯底后,又不便于排除干净,以至影响到品尝时的风趣,其价值亦因之骤然下降。显然,尽量避免茶叶条形碎断现象,乃是茶叶保管中的一个方面,但往往被人们忽视。要做好这项工作,首先是在把茶叶装进布袋、木箱或改制成小包装茶时,务须采取摇晃、振动的方法,使茶叶在包装体内处于一种自然靠紧的状态,切忌使用手及其他物体硬压强挤,或甚至以足踩踏。事实上,当茶叶进入保管消费过程以前,在其加工阶段就已经存在着条形保护的问题,因为一切粗劣的操作,都会使茶叶的条形在不适合的翻、捣、碰撞中不断地产生碎断现象。随着茶叶生产的发展和消费者习惯的改变,尚难预料乌龙茶在未来是否仍然保持现有条形的特征。倘若有朝一日它被改制成碎末茶、茶粉或者类似目前西方盛行的速溶茶,那么也就不存在条形这一问题了。

二、色　　泽

茶叶的色泽,往往成为显示茶叶内在品质的一种信息,因而有"一声二宝色"的说法。乌龙茶色泽乌黑油润,沙绿中显示红斑点,光感较大,但随着时间的推移,其色泽一般都会在不同程度上逐渐转为灰暗。茶性忌潮,忌直接以日光曝晒,亦忌受光时间太久。因为这些外界因素,都能促使茶叶色泽更快地趋于晦暗。要延缓茶叶色泽的异变而力求保持其鲜艳的光感,关键是在贮藏茶叶或把其包装为小包装茶时,其贮藏体或包装物必注意做到:一忌透明,二忌防潮抗湿性能差。除具备这两个条件外,茶叶仓库的设置和管理问题更不能掉以轻心。因为仓库选址不当或管理不善,也会造成水分迅速增加而异变。乌龙茶制成成品后,水分含量约在5%以下,其湿度低于空气含量,极易从空气中吸取水分。所以茶叶仓库必须建造在地势高爽通风和便于排水的地方,且以东北向为佳,门窗力求密闭,以减少外界的湿度影响库内。茶叶应堆放在垫板上,大晴天时,要酌情于中午前后把窗门打开通通风,以降低库内温、湿度。库内湿度过大时,宜放置些干燥剂。室内外应经常打扫,保持清洁卫生。对储存达一年左右的茶叶,应采取翻仓、测定水分的措施,如茶叶含水量超过8%时,务须采取"走水火",

进行烘焙或把整箱（不得打开）茶叶曝晒于日光之下，使之减少内在的水分。

总之，力求保持原有色泽，其实质在于保持茶叶之内在品质。当然，假如有条件把茶叶贮藏在抽去空气的密封体内或贮藏于冷库，那么它的色泽也就可以经久而不易变了。

三、香气与滋味

茶叶的香和味，可以使品尝者最直接地对茶叶内在品质做出判断。乌龙茶的香和味，不仅因品种而异，亦因产地及产季而有所区别，但总的来说，随着时间的流逝，都将导致香、味的逐渐降低。因此，在目前尚无法普遍采用密封技术和冷藏手段的情况下，茶叶的经营者和消费者只能借助于抗渗透能力高、防潮性能强的包装物进行贮藏，以竭力限制和减缓茶叶香气和滋味的迅速异变。茶性易移，茶叶除了容易从空气中吸取水分，还由于内部分子结构上的特点，也易于从空气中吸取其他物品的气味，而导致本身香味俱失，甚至使茶汤不堪入口。故俗云"茶性孤独"，乃是事出有因。因此，茶叶不仅直接放在阳光下曝晒会产生异味，也不能接近任何有异样气味的物品。

众所周知，茶叶加工厂及茶叶仓库总是远远地避开那些散发出浓烈化学气体的工厂。稍有茶叶知识的人，也决不会把茶叶和樟脑丸、六六粉或汽油等堆放在同一地方。而有经验的茶叶消费者，宁可把茶叶放在桌子上面，也决不会把它放在抽屉或衣箱柜橱之内。这一切，莫不是为长期实践所证明的经验。茶叶最直接可感的品尝价值在于它的香气和滋味，倘若它的香味俱失乃至不可饮用，其价值也就不存在了。

由上可知,茶叶的贮藏措施及包装物,乃是茶叶保管中一个极为突出而具体的重要环节。批量茶叶的包装物,比较理想的是使用铁桶密封,次为铝纸制成的包装箱。至于小量茶叶的包装物,则以锡罐为佳,铁罐次之,铝纸盒再次之,而纸张只能作为临时的包装物。

随着科学技术的进步,出现了塑料或镀塑等密封性高、成本低,既轻便又适应大小包装要求的新产品。但总的来说,我们在科学有效地利用贮藏手段及包装物来限制茶叶的内质异变方面,还面临着必须进一步改善的问题。

乌龙茶的包装装潢

　　乌龙茶进入市场,要经过运输、散装茶批发和小包装茶销售。这些环节的包装式样和使用的包装物品皆不相同,散装茶使用的包装物品以大而牢、无异味和防潮性能良好者为佳;小包装茶使用的包装物品除无异味且防潮性能良好外,尤为讲究装潢精美、款式多样,以招揽顾客和迎合不同层次的消费需求。现就乌龙茶今昔使用的包装物品概述于下。

一、散装茶的包装装潢

　　长期以来,乌龙茶从毛茶进入市场到加工厂,大部分采用布袋作为临时的包装物,以方便运输和加工过程中的轮转。20世纪80年代后,逐渐改用密封性能良好的塑料薄膜做内袋,外加化纤编织袋,既保质又耐用。

　　散装成品茶的包装物,以往一直使用松木板或杂木板制作的木箱。每个木箱用三组(6片)规格不同的木板制成,每片木板由三四片小板拼合,板厚1厘米左右。闽南乌龙茶条形比较紧结,用"大堵"板宽46厘米,"横头"板宽36厘米,高45厘米,底、盖的长度与"大堵"和"横头"宽度相同而制成的木箱,可装散装茶18公斤;闽北茶的外形比较粗壮,使用的木箱略大一点,每片板多 2 厘米左右,可装散装茶 16.5～18 公斤。木箱呈长方形立体状,称"‖δ"箱。"‖δ"系旧式小码数字,今已废止,为阿拉伯数字取代。"‖"即 2,"δ"即 5。因为这种木箱可装 150 克包装茶 100 包,等于 15 公斤(等于 25 司马斤),故得名。近代海关有的年报中曾以"‖δ"箱作为计量单位。如 1880 年《海关年度贸易报告》中这样记述:"每年运抵本口岸(厦门)的茶叶大约是 210000‖δ箱。"

木箱的制作十分讲究。木板须经晒干后备用,制作时,"大堵"与"横头"板间隔排齐,用墨笔于两板连接处由上而下平行地划上 4～6 厘米不规则的距离,然后在这些划格间交错地凿出榫头和卯眼,深度与板的厚度一样。拼合后用圆钢钉由每个榫头钉入另一板的同距离的卯眼,加上底板后,每个棱角再加骑马钉二三个即成。木箱外边每面先褙上毛边纸一小张,再褙与板一样大的棉纸或牛皮纸,并用棉纸或牛皮纸横切成宽约 5 厘米、长约 45 厘米的长纸条,印上花纹图案,称"花条",裱褙在每个棱角的两侧,以增加接合处的密度和强度。晒干后,大堵印刷上商号,横头印刷督办人姓名,箱盖印刷自编代号。茶叶由国家经营后,大堵印刷中国乌龙茶、品名、重量和中华人民共和国产品,横头印刷货号,再用棉布蘸煮熟的桐油擦匀,晾干后即可使用。

箱内衬套的包装物品,不同时期和不同茶叶所使用的包装物品也不尽相同。抗日战争前,武夷岩茶和高档的安溪茶使用白铁皮制作的铁桶,大小与木箱内径一样;一般茶叶使用铅纸制作的铅桶,每只铅桶重 0.5～1.5 公斤。放入茶叶后,加上铁盖或铅盖和木板盖,再以宽 3 厘米左右的薄竹篾有序地把整个木箱环绕扎紧扎密,称"套篾"。再在原位置印刷上商号等,包装即告完成。这种包装式样,既牢固又有良好的防潮湿效果,也便于堆叠,故乌龙茶长期采用这种包装方法。

20 世纪 60 年代以来,木材资源远远不能适应生产发展的需求,木板箱遂改用胶合三夹板制作。每个胶合板箱用板 6 片和木档 12 根,板厚约 0.4 厘米。4 块箱体板的规格为 43.5 厘米×46 厘米,盖与底板为 43.9 厘米×43.9 厘米。向内的板面加褙铝箔纸,直角等腰三角形或方形的木档用纸包密,作为两板的接合处,以圆钢钉把板钉在木档上,加上底板后,每个梭角再钉上 4 片小铁皮,成箱呈方体状。箱体相对的板面,印刷福建(早期印刷"中国")乌龙茶、品名、重量、年度、中华人民共和国产品和货号与批次,盖与底空白。木箱作为茶叶包装物有很多可取之处,然因木材资源紧缺,使用后的处理也是一项麻烦的事,不少客商要求改良,因此,改革势在必行。

20 世纪 80 年代以来,"以纸代木"的包装箱已取代了部分木箱。纸箱尽可能保持传统包装箱的优点和习惯,目前有 40 厘米×40 厘米×40 厘米和 49.3 厘米×36.5 厘米×42 厘米以及 40 厘米×40 厘米×60 厘米等规格。纸箱的材料采用双瓦楞纸制作,边的衔接处以扁铁钉钉合或以黏合剂黏合,底与盖于放入茶叶时增加一片瓦楞衬板,以增强卧置时的整体刚度。箱内衬以食用的塑料薄膜袋或复合塑料袋,放入茶叶后,把袋口封密,摆动的底与盖以扁铁钉钉牢,如采用黏合剂,可增强纸箱的刚度。箱外捆扎两道塑料带或纸带,标志与胶合板箱相似。这种纸箱结构,虽有可取之处,但其支撑力和抗压强度还不够理想,有待进一步改善。

二、小包装茶的款式与装潢

长期以来,各地出售的商品茶,一般皆属散装茶,顾客买多少,现秤现卖,独乌龙茶自早以来就全部以大小不同的包装形式投入市场。

至今,国内外乌龙茶销区仍然保持这种传统性的操作。

包装茶源于武夷茶的初制工序。由于武夷岩茶单枞、名枞的品种很多,大部分品种的数量只有几两,在初制烘干工序中,因数量少而难于单独烘熟(足火),于是采用武夷山区制造的、没有杂味的"小种纸",裁成内小外大的正方形,放入茶叶约 150 克,恰好包成长方体,茶包上面标示茶叶的品名,然后合并烘焙。商家为表示地道产品,在茶包上面加盖茶庄、茶行名称后,即原装出售,深得消费者的欢迎。后来,商人为了适应市场的需求和扩大茶庄、茶行的知名度,其他茶叶也采用这种式样进行包装,促使了乌龙茶在销售中全部采用小包装茶式样。这种既方便、雅观,又有助于保质的包装式样,成了乌龙茶之一特色。

物换星移,小包装茶的款式和包装装潢也不断地创新。20 世纪初,小包装茶有 19 克、37.5 克、150 克的锡罐装,37.5 克、75 克、150 克的圆、方形铁罐装与 150 克纸盒装和 19 克、37.5 克、150 克纸包装及 5～10 克的小泡茶等等。除 150 克锡罐刻上茶叶品名和茶庄、茶行名称外,其他锡、铁罐装茶皆贴着印刷厂印刷的彩色茶标。这时,彩印铁听还很少,纸包装茶用的纸张也因茶而异。武夷茶采用武夷山区制造的小种纸,其他包装茶大部分使用龙岩地区生产的"双连纸"、"玉扣纸"和"毛边纸",采用白报纸或道林纸的茶标很少。这时候,茶店大部分备有简易的印刷工具,茶标多以黑墨汁印品种名称,以红色印茶庄、茶行名称,或待茶叶包好以后再印上茶叶品名和茶庄、茶行名称;或用红纸条印上茶叶品名,然后贴在茶包上。有图案的茶标,以黑、红、青、蓝等颜色调配二色或三色,这种简单、粗糙的包装装潢,根本谈不上雅致美观。到抗日战争前后,茶标大部分由印刷厂印刷,并开始使用进口纸张,彩印铁听也开始进入茶叶包装行列。

以上这些包装款式,费时费工,特别是纸包装茶,没有熟练的包装技术,根本无法操作。纸包装武夷茶尤为麻烦,每一包茶叶里面要放入1至3条的红白纸条,单印水仙以下的茶叶放红纸条1条,双印水仙、三印水仙等放2条,单枞、名枞放红色2条、白色1条。红、白纸条采用长约16厘米、宽约2.5厘米的红白纸制作,先对折成长条形,中间一段卷成绳索状,似"丫"字,两叉的纸条印上茶叶品名和茶庄、茶行名称。其始乃因武夷岩茶单枞、名枞品种繁多,为避免差错,茶叶采摘前,用小竹片写上茶树品种、名称,挂在茶树上。采摘时,把小竹片与茶青一齐放入笼内,竹片随茶青在各个工序流转,付焙时改用红白纸条放进包内。为表示地道产品,其他武夷岩茶在包装时也放入数量不等的红纸条,以示档次。新中国成立后,茶叶由国家统一经营,这种繁琐陋习被改掉了。

抗日战争前,150克纸包装茶是出口的大宗商品。如1915年《海关中外贸易统计年报》中载:厦门茶出口506.22吨(8437担),其中包种茶达342.06吨(5701担),占67.5%。小包装茶出口量占的比重为何那么大,因为小包装茶便于顾客选择,买卖方便,而南洋各埠的茶店很难雇到如此多的包装技术人员,国内劳力多又便宜,所以大部分茶叶在国内进行包装。内销市场遍销5至10克的小泡装茶,一包泡一次,便于"茶桌仔"和小户人家的泡用,占销售量的30%~40%。由于小包装茶销售量大,工艺繁琐,所以各茶店的工作十分繁忙。抗战胜利后,厦门茶出口不及战前的一半,小包装茶出口已寥寥无几。

新中国成立后,茶叶由国家统一经营,出口小包装茶的包装装潢有了很大的改进。除保持传统125克锡罐外,大量采用不同规格的彩印铁听和彩印纸盒作为包装物品,这些包装物品的图案既有古色古香的风韵,又有造型新颖的现代气息,出口量有了很大的发展。内销茶的包装物品,大部分采用简易的纸包装,包装装潢不甚讲究。

改革开放后,特别是茶叶放开自由经营后,各地茶店如雨后春笋般地涌现,竞争十分剧烈,包装装潢争奇斗艳。现在使用的包装物品,印刷精致,色彩绚丽,款式多样,内容丰富。式样有彩印纸盒、锡罐、彩印铁听、彩印复合塑料袋和以竹、木、陶、瓷、脱胎、玻璃等制作的包装物,这些新颖的包装物品,迎合了时代潮流,颇受消费者的喜欢。

概而言之,茶叶包装的目的在于:(1)防霉变,防吸收异味。因为茶叶品质如异变,就失去了饮用价值。(2)防压碎。乌龙茶外形是鉴别品质的四要素之一,失去雅致的外形,就失去乌龙茶之一特征。(3)树品牌。固定的商标和精美的包装装潢,既使消费者易于识别,又可招徕顾客的购买,随着时间的推移,商品和企业的形象自然在顾客的心目中与日俱增。(4)方便储存、运输和买卖。

百年兴衰在厦门

厦门口岸与乌龙茶

　　厦门地处我国东南航运中心,面临太平洋,港内水深浪平,是一个天然的良港。岛上农作物不多,也没有种植过茶叶。在海上交通逐渐发达以后,它就成为本省货物进出口的集散地,有"八闽门户"之称。因此,乌龙茶也与厦门这个口岸结下了不解之缘。昔日乌龙茶的大量输出,曾给这座海岛城市带来了繁荣而著称于世界。直到今日,乌龙茶仍然是厦门口岸大宗的出口商品。

一、厦门港是茶叶海上丝绸之路

　　世界各国最早饮用的茶叶,是直接或间接从我国购买的。欧洲人在 16 世纪中期就知道中国的茶叶,其中以曾经称霸海上的荷兰人和葡萄牙人为最早。据查,厦门人最早运茶到印尼,卖给荷兰人。威廉斯写的《中国商务指南》载:"17 世纪初,厦门商人在明朝廷严令森严之下,仍然把茶叶运往西洋各地和印度。1610 年,荷兰商人在爪哇、万丹首次购到了由厦门商人运去的茶叶。"曾先后任山海关(现营口市)、厦门关和总税务司署税务司的英国人包罗(C. A. V. Bowra),在他所著的《厦门》一书中详细地叙述了厦门与茶的关系:"厦门乃是昔日中国第一输出茶的港口……毫无疑问地,是自荷兰人从厦门得到茶以后,就首先将茶介绍到欧洲去。"又说:"Tea 这个字是从厦门方言 Te(自注:从前英人和现在法人、德人对茶的发音为 Tay)字而来的。"欧洲除葡萄牙人外,其他各国也都模拟厦门语音翻译茶这个词。如意大利语、西班牙语、捷克语、匈牙利语、丹麦语、瑞典语、挪威语皆用 Te,芬兰语 Tee,法语 The,荷兰语、德国语、犹太语皆用 Thee,英语 Tea。

明末清初,曾经是郑成功储贤馆的谋士阮旻锡写了一首《安溪茶歌》,其中"西洋番舶岁来买,王钱不论凭官牙",叙述郑氏驻厦期间(1650—1680 年),洋人每年都来厦门购买茶叶,而茶叶的价格,只能由郑氏设立的有关牙行决定,不容讨价还价。1644 年,英国东印度公司在厦门设立办事处,1676 年设立商馆,二者皆为公司购买茶叶,而后运往印度马德拉斯集中,再转运到英国。1684 年(清康熙二十三年)开放海禁,厦门设立海关。1689 年(康熙二十八年),英国东印度公司委托厦门商馆购买箱装茶叶 9 吨(150 担),直接运回英国,首创茶叶由中国直接运往英国的先河。1701 年(康熙四十年),抵达厦门的英国运茶船多达 14 艘。然清政府对外贸易的政策举棋不定,1717 年(康熙五十六年),又下令禁止厦门对南洋、西洋的贸易;1727 年(雍正五年),厦门恢复对外贸易。1757 年(乾隆二十二年),清政府加紧实行闭关政策,下令封闭江、浙、闽三关,只准广州通商,厦门只准吕宋商人前来贸易。因为禁令收效不大,1782 年(乾隆四十七年),只好准许各国商船按粤海关则例征税前来贸易。厦门禁止对外贸易期间,茶叶从江西转运至广州出口。可以说,起码在 17 世纪初期,外国人早已知道厦门是中国茶叶的输出口岸,而且也频繁地来到厦门进行茶的贸易活动。所以厦门港曾被称为茶叶海上丝绸之路。

二、五口通商后乌龙茶的兴衰

1842 年,厦门辟为五口通商口岸之一。在帝国主义列强的压力下,1862 年,厦门设立洋关,从而丧失了海关主权。海关税务司逐年编制了厦门进出口贸易统计报告,其中对茶叶出口的种类、数量、价格、销售等情况记述甚详。其时,洋商对厦门的输入品以鸦片为首要。据厦门市志和厦门海关志编委会编译的《近代厦门社会经济概况》一书记述:1865 年,由厦门输入的鸦片达 309.36 吨(5156 担),值 306.055 万多元,而出口国外货物的总值只有 160.648 万元;1884 年输入的鸦片高达 588 吨(9800 担)。

厦门出口的货物主要是茶和糖,1858—1864 年间,每年输出茶叶的数量为 1816~3178 吨,主要出口到美国。据《厦门海关年度贸易报告》载述:"1876 年,茶叶出口到各个不同国家中,美国再次独占鳌头,在直接运往国外的茶叶总数 5692.20 吨中占 4291.5 吨以上。"1877 年,厦门乌龙茶出口达 5425.68 吨的最高记录,如果包括台湾乌龙茶复出口的 4846.98 吨,厦门口岸茶叶出口的总数量为 10272.66 吨。1878 年,厦门出口国外茶叶的价值共 1023276 关平两,占出口国外货值的 55.97%。到 19 世纪末,茶的贸易几乎中止了。《海关十年报告(1892—1901)》载:"值得记录的最重要的事是,厦门茶叶贸易已经衰亡了。除了为海峡殖民地(指新加坡一带)的中国居民的消费而小量生产外,本地茶叶已基本停止生产。海峡殖民地的中国居民主要来自本省,他们保留了对包种茶叶的嗜好。"1901 年,厦门茶叶出口数量为 411.78 吨,只有 1.74 吨运往美国,其余都是为满足海峡殖民地的中国消费者。

　　当时厦门茶的贸易可以分为三个时期,即厦门茶时期、台湾茶时期、贸易停止时期。厦门茶时期,就是武夷、安溪等地的茶叶经由厦门口岸大量输出的时期。在厦门茶失败以后,洋商并没有受到打击,因为当厦门茶衰落的时候,洋商以及本地商人已在台湾开设分行收购茶叶,而后运来厦门进行加工。据《海关十年报告(1882—1891)》载述:"现在本地茶叶出口已衰落到不值一提的地步。如果没有淡水茶叶供应和支持我们的市场,厦门作为一个茶叶港 11 的特色将不复存在了。"其主要原因,乃当时台湾北部的港口不适宜茶叶直接装船运销外国。所以台湾茶的贸易,仍然给厦门带来了繁荣,称之台湾茶时期。日本对基隆港进行改良以后,把茶叶的贸易全部集中在台湾,很少再由厦门输出。这时候,也没有其他货物跃升起来代替茶的地位,因此,连大型船也全部不再到这个港口来了,使得这个港口陷入了死气沉沉的状态。包罗在《厦门》一书中感叹和断言:"这是很稀有的事——亦是一件令人可悲的事,厦门乃是昔日中国第一输出茶的港口,现在竟然丧失了茶的贸易……现在若不是发生意外,可以说厦门是结束了做一个茶的商埠。"称之茶的贸易停止时期。可见从 18 世纪到 19 世纪中期,是厦门茶输出鼎盛的时期,但到 19 世纪末,厦门茶叶输出却下降到几乎停止的地步。

　　1897 年《厦门口华洋贸易情况论略》中说:"观 25 年前厦门各处产茶,每年售价 200 万两之多,现在年不及 25 万两,其贸易之愈下,显而易见。"考其兴衰过程,原因在于销路扩大了,茶农采摘粗心和制作粗劣,而商人为了满足销量日益增长的需求和获取更多的利润,竟以次充好,以假乱真。1874 年,厦门海关税务司休士(George Hughes)在海关贸易报告中说:茶叶购买者经常抱怨交货的茶叶与样品相比质量更次。中国人经常在茶叶中混入数量可观的劣等茶、碎茶和经常经过精心掩饰的茶末。1889年,美国驻厦领事给厦门茶商的信中说:"厦门乌龙茶的质量已变得很坏,其信用的堕落已无法挽救……茶叶的污秽,采制和制茶的粗放与种种欺诈行为已成为公认的事实。"1910年,农工商部给厦门商会的文中说:"中国出口货物,以茶为大宗,而华茶行销又以英国伦敦各埠为最。近年因奸商掺和伪茶,贪图小利,以致华茶名誉一落千丈……以后与各洋商交易成盘,务必样货一致,以取信实而挽利权,不得再有取巧掺伪,致坏茶业。"因为品质低劣,无法与台湾、日本的产品竞争,又加上茶叶出口课税过高以及印度、锡兰红茶的崛起,欧美市场终于被其他国家所占领。这时,乌龙茶销售地区仅限于东南亚华侨聚居的国家和地区。到抗日战争前的1936年,乌龙茶出口虽然有所回升,但出口量仅623吨。二次大战结束后,东南亚一些殖民地先后独立。越南、柬埔寨、老挝、印尼、缅甸等国家,或因国内已大量生产茶叶,或因外汇短缺,先后禁止茶叶入口,乌龙茶销售的国家和地区,只有新加坡、马来西亚、香港、泰国和菲律宾。1949年,厦门口岸输出的乌龙茶仅216吨。至此,名声已不太雅的"侨销茶",也欠名副其实了。

三、厦门口岸乌龙茶再现辉煌

新中国成立后,随着生产和对外贸易的不断发展,厦门港和茶叶的贸易重新出现了欣欣向荣的景象。今日进出厦门港的船只不是过去的每艘几十吨或几百吨,而是每艘几千吨或几万吨,乌龙茶的销售地区已超越了"侨销茶"的范围而遍及五大洲的40多个国家和地区。乌龙茶被日本人认为是有益于健康的饮料,并于1981年研制生产适合时代生活节奏的罐装乌龙茶水后,乌龙茶的销售量飞跃上升。1984

年,茶叶放开自由经营以后,虽然各个口岸争相经营乌龙茶出口,但由于厦门口岸经营乌龙茶有悠久的历史,又坚持质量第一和信誉第一的宗旨,产品深得客户的信赖,出口数量有了较大的增长。1995 年,厦门口岸输出的乌龙茶为 1949 年的 30 多倍,比 1984 年翻了一番多,比一世纪前的 1877 年最高记录还多出一半以上,居各口岸乌龙茶出口之首。《厦门》一书中所说的"厦门是结束了做一个茶的商埠"的预言,再也不是一种事实了。

现在厦门辟为经济特区,并实施某些自由港政策。历史上曾经给这座城市带来繁荣昌盛的乌龙茶,必将为特区的经济建设发挥添砖加瓦的作用,而特区的对外开放,也必定带动乌龙茶进一步走遍全世界。

闲话厦门茶业

厦门是乌龙茶（或称武夷茶）最早的输出口岸，也是饮用乌龙茶盛行的地区。20 世纪前叶，厦门经营茶叶的茶庄、茶行有三四十家。市内烟摊小贩和杂货店也都兼卖茶叶。饮茶成风，茶叶飘香。

一、20 世纪前叶茶业概况

1923 年，厦门成立茶业同业公会，有茶店 40 多家，其中颇具规模名气的店家有林金泰、林和泰、林奇苑、王尧阳、杨文圃、锦祥等。销售本市外，还兼及同安、海澄（现龙海县部分）、金门、云霄、东山、诏安等地。厦门是华侨出入的重要口岸，华侨在漂洋过海时往往携带厦门名茶作为馈赠海外亲朋戚友的佳品，不但数量可观，而且在品质档次方面尤加讲究。此时乌龙茶已退出欧美市场，但是对经营南洋和本市的茶商来说，厦门茶业却处于黄金时代。

20 世纪二三十年代，各茶庄、茶行事业颇具规模，从其置业情况可见一斑。诸如林金泰、锦祥、杨文圃等店家，不但经营的店屋是自建的，还分别在鼓浪屿内厝澳、日光岩脚和厦门通奉第等地投入巨资建造了优雅别墅。林金泰的大洋楼，因周围遍植梅花，"梅园"竟成为这座楼房的代称而沿用至今。据林氏族人云：该楼房地基周围与 1907

年林鹤寿所建的厦鼓最宏伟的"八卦楼"（现厦门博物馆）一样，规模之大，可想而知。"通奉第"路名是杨文圃茶庄大舍杨砚农以茶叶纳税捐得"通奉大夫"官衔和兴建府第于是处而得名，其声誉之显，可以想见。此外，林和泰在横竹路，林奇苑在水仙路，王尧阳在开禾路，也花巨资营造商住楼房，还拥有许多产业。其他茶庄、茶行，也绝大部分自置经营产业，显示出财力不乏的境况。可见当时厦门茶庄、茶行的业务盛况和经济效益。

"七七"事变后的次年5月，厦岛沦陷，茶店关门收市，经营者纷纷遁避于"万国租界"鼓浪屿。及至厦鼓恢复海面交通，一些茶店的财物已被洗劫一空，茶叶贸易遂告停止。沦陷后，厦门物资奇缺，1939年2月，日本开放厦门的航运交通，准许内地商船运载土特产品进入厦门，从厦门输出内地欠缺的物资，双方准许一些"交通船"川行于厦门、鼓浪屿与漳州之间。准许少量内地茶叶邮运鼓浪屿，大部分则由邻近厦鼓沿海村庄（后溪至海沧、石码一带）走私到鼓浪屿后转运香港、南洋。

抗战期间，国民党政府对茶叶实行统购统销，由中国茶业公司负责经营，在泉州设立茶叶管理机构，以"运照"控制乌龙茶营运。原厦门张源美茶行也在泉州设置茶栈，办理茶叶转出口业务。这样，部分乌龙茶由泉州出口香港和南洋。因时局动荡，租用船只殊多艰难，且遭日伪军抢劫。1941年3月，日籍台人陈庚组织厦门茶业部分人员成立"福建茶叶公司"，专门经营内地运来的茶叶。日本两次占领福州时，内地茶商寄存于福州茶栈准备出口的一些茶叶，被人乘机运往厦门、香港出售，而借口被日军抢劫。内地茶商遭此损失，有的倾家荡产。太平洋战争爆发后，交通断绝，孤独的厦门，百业荒废，茶业经营沉寂。至抗战胜利时，大部分茶庄、茶行经营者坐吃山空，元气大损，不复东山再起。

　　1949年新中国成立前夕,厦门茶业有所复苏,茶庄、茶行40多家。依经营形式有:

　　(1)专营小包装茶业务,如林奇苑、侨农、锦祥、奇泰(兼营台湾茶批发)、林岩泉、集泉、天山、林万泉、万春、金峰、协昌、隆益、仰昌、龙苑、龙潭、吴通利、同慈(主要经营万应茶)、鼓浪屿龙泉等。其所占比重较大,经营形式多为批发兼零售。批发业务大、经营范围广的林奇苑茶庄,在武夷山拥有茶岩和加工厂,在漳州有总店,云霄设分店。南洋各埠及本省漳浦、云霄、东山、诏安、龙溪、海澄、同安等地都有茶店或杂货店经销林奇苑茶庄包装茶。

　　(2)专营散装茶批发业务的有建春、义峰、英记、奇珍、合记、柯水生(后两家专营台湾茶批发)。这类茶店在产地收购茶叶并加工后运销本市。

　　(3)专营出口业务(或称外销业务),如方诗仑、魏新记、芳成、铭泰、奇泰美、捷美、捷胜、云记等。这类茶店主要在本市收购茶叶或加工后发配给南洋联店或代销店,后四家还兼营茶栈和代办出口业务。

　　(4)经营内外销业务,如张源美、芳茂、尧阳、林金泰、华峰、陈万发、芳圃、高德美(兼营茶栈)等。这类茶店大部分国外有联店,资力雄厚,业务规模庞大,其中以张源美尤为突出。

　　当时茶店,大部分聚集于海口一带街道,仅水仙路、镇邦路与中山路交会的十字街上就分布着林奇苑、侨农等13家茶店。从思明南北路至禾山这大片地带就不见专业的茶店,可见茶店的偏废。凡经营小包装茶的茶店,店面摆设甚为讲究。靠墙的一边设连柜玻璃竖橱,橱架上一字形展列大锡桶,储藏上乘茶叶。柜台上摆放着用簸箕装的散装茶。店员往往利用接待之余,在柜台上进行小包装茶的包装。另一边,摆列古色古香红木椅和大理石桌,桌上放着雅致"茶秀"(保温用具），内放泡好茶叶的大壶，目的在于便利招呼顾客品茶，洽谈交易。

二、专业茶叶店的起落

新中国成立后，厦门大部分茶店仍继续经营。1954年，国家对私营工商业实行"利用、限制、改造"政策，一些茶店合并联营。当时成立的厦门茶叶出口联营小组，就是由10多家茶店合并后专门为国营经销茶叶出口业务的机构。未参加出口联营小组的茶店，则专门经营内销业务，侨农、尧阳、锦祥、万春、天山、建春等6家茶店合并为侨农茶叶经销店。年底，中国茶业公司福建省分公司在厦门设立办事处，负责经营福建乌龙茶出口业务。1956年对私营工商业的社会主义改造高潮时，由茶叶出口联营小组的茶店，加入公私合营厦门茶叶出口公司，受中茶出口公司厦门办事处领导。当时经营内销并有雇佣工人的张源美、林奇苑、侨农、高德美、同慈等茶店实行公私合营，其余茶店列为小商小贩范畴。内销茶叶工作先后由市糕点公司、食杂公司、中百公司、农产品站和中茶出口公司厦门支公司领导。1959年，由内销五家合营店合并的厦门茶叶总店并入农产品站设立的茶叶批发部和茶厂，保留三个门市部。1964年，中茶厦门支公司把茶叶三级批发和三个门市部移由市食杂公司经营。接管后，关闭一个门市部，另两个门市部改为综合食杂店。至此，厦门专业茶叶店不复存在了。1976年，茶叶三级批发由供销社土产公司负责经营。1978年，土产公司在中山路52～54号开设一家专营茶叶的门市部——水仙茶店。

1984年，茶叶放开自由经营后，厦门茶叶进出口公司在水仙路28号开办"厦门茶叶进出口贸易中心"，1988年并入厦门外贸集团，更名为"厦门经济特区对外贸易集团公司茗芳进出口公司"，经营内销茶叶批零和其他进出口业务。厦门茶叶进出口公司重视内销茶质量,产品深受消费者的信赖,业务扩展迅速,占有本市大部分市场,还拓展到漳浦、云霄、东山、诏安、龙海以及潮汕地区,销售量成倍增长。1985年以来,先后在本市开业的有安溪茶行、云香茶庄、茗香茶庄、天福茗茶、良庆茶业有限公司、隆盛茶业公司、集美利安茶业公司、三和茶业公司等数十家加盟,并出现第一家中外合资企业:华日有限公司,加工生产乌龙茶浓缩液出口。茶叶经营又呈繁荣发展。

三、创名牌之道

乌龙茶以小包装茶最有特色,厦门茶店就是以包装茶创名牌。长期以来,顾客买茶、谈论茶事,不注意注册商标,而重视茶店包装茶的岩名和茶叶品名。岩名和茶叶品名几乎成为茶店的代称。在武夷岩茶中,"曼陀西三印水仙"指的是林奇苑茶庄的茶叶,"小种泡"指的是杨文圃茶庄的茶叶。茶店在产地拥有茶山茶岩者,都以自己的山岩名称冠于品名之前,如张源美茶行出售的武夷岩茶,称"武夷岊岫岩正枞三印水仙"。在产地没有山岩的茶店,就以和尚管理的天心岩、三仰峰等冠于品名之前,以示武夷地道正品。安溪乌龙茶中较高档次的茶叶,茶店则以家乡的名山、名洞冠于品名之前,如王尧阳茶行茶叶,称"安溪南岩正枞铁观音"。一般中、下档茶各自以百里香、小红袍、玉观音、四季香、白毛猴、白牡丹、名种、留香小种、一枝春、宝国茶⋯⋯称之,所以茶店十分重视创立名牌。据不完全统计,当时厦门茶叶使用的品名有100多个,三四十种规格。

新中国成立后,茶叶由国家经营,仍然保持小包装茶形式,承继前有的名牌品名并有所创新,如肉桂、不知春、大红袍、铁罗汉、水仙种、老枞水仙、三印水仙、武夷奇种、名种、留香小种、铁观音（上中下数档）、黄金桂、茗香、一枝春、正溪茶、佛手等50多个品牌。品名繁多和规格繁多，原料茶均来自闽北、闽南两地区，依地区和品种区分，有特、一、二、三、四级武夷水仙，武夷奇种，闽北水仙，闽北乌龙，铁观音、色种、闽南水仙、香橼等。各家茶店和公司使用的这些品名，不外是由上述几个茶类加工拼配出来的。

以前，小包装茶以便于"茶桌仔"（小茶馆）和一般家庭泡用的"三角泡"（指包装形状，下同）、"长方泡"纸包茶最为盛行。这种只有七八克的小泡茶包装最繁琐、效率低，不适应消费增长需求，20世纪60年代被淘汰。旧制一两装小包装茶也被操作简便的50克纸袋装茶取代，其他纸包装茶改换为各式各样的彩色纸盒、铁听和复合塑料袋。包装物料的改良，有助于茶叶包装走向机械化。

四、世事兴衰，茶事多变

随着时代进程，厦门茶事发生了许多的变化。抗日战争前，虽然是厦门茶业鼎盛时期，然而倒闭关门者亦有之，有几百年经营史的杨文圃茶庄，由于人多食众，经营管理不善，于20世纪20年代末关门大吉。20世纪30年代以前，厦门地区销售的茶叶，大部分是闽北乌龙茶，约占市场一半以上。由于战乱影响，闽北茶叶供应断断续续，安溪茶为主的闽南乌龙茶趁势占领市场，跃居市场占有量的80%以上。1955年，国家统一收购乌龙茶，采取"优先保证出口，按计划保证边销，有余安排内销"的供应政策，乌龙茶产量仅供外销，无法顾及内销。20世纪50年代末至70年代中的10多年间，市场供应的茶叶大部分是红、绿下脚茶经加工后与乌龙茶拼配的混合茶，居民凭"市镇人口粮油定量供应证",按分配量,每月一次买完。改革开放后,农民生产积极性提高,乌龙茶产量年年跃增,除满足外销大幅度增长需求,还有足够数量供应内销。1984年,内销茶敞开供应,继而放开自由经营。

20世纪大部分年代,茶叶消费以中下档茶居多。改革开放后,人民生活水平大大提高,对茶叶档次尤加讲究。20世纪前叶,饮茶以浓厚甘醇为上,以陈和重火候为佳。随后,饮茶逐渐倾向清香型,以新和轻火候为贵,甚至喜爱起毛茶的香气。速溶茶、罐装茶水也进入市场。旧时,饮茶多商家或富有人家,劳动大众只是在"茶桌仔"饮用,家庭设具沏茶不多。新中国成立后,亲朋好友往来在家中,以茶招待者不多。20世纪70年代中后期,家中品茶悄然兴起。改革开放后,礼仪之风受到重视,品茶一阵风进入了家庭,社会经济环境使然,人们也认识到饮茶有益身体健康。茶叶加工和包装,也发生根本的变化。前半世纪,茶叶筛、簸、拣、烘全部用手工操作,现在基本上由机械取代,减轻了劳动强度;小包装茶的包装,现在大部分采用装潢美观的锡铁罐、彩色纸盒与复合塑料袋以及陶、瓷、竹、木等新颖的包装物,改变了过去土纸包装、手工印刷的简单、粗糙形象。

20世纪初,茶叶经营者利润丰厚,随着竞争剧烈,利润逐渐降低。国家经营期间,仅保本或略有微利。现在制茶技术有所新发展,不但在茶叶深加工方面研制了很多精致简便的产品,在综合利用方面更是品类多样。速溶茶、液体饮料、果味茶、茶叶菜肴、茶叶糖果、糕点和多功效保健茶等等,推陈出新,可见茶业前景广阔。

杨文圃茶庄兴衰史

根据目前所掌握的资料,具有二三百年历史的杨文圃茶庄,应算是厦门岛上最早且负有盛誉的茶庄了。杨氏茶庄的创始人祖籍漳州,虽然始建茶庄之具体时间尚无从查考,但 17 世纪中期后,厦门已成为全国著名的外贸茶市,茶商接踵而至,估计杨氏茶庄也正是在这个时期应运而生并粗具规模的。谈到茶庄旧址,至今可谓是面目全非。在现在升平路、镇邦路及布袋街交汇地域靠海的一侧,虽楼房成群,平房杂错其间,可是在 20 世纪二三十年代,这儿却仍然还是一座可以瞩目鹭江的小山岗。冈顶不仅建造过郑成功的水操台,而且也正是杨氏茶庄的所在地。人们可以从冈底沿着廿四级石阶登上冈顶,并称顶上为廿四崎顶,称底下为廿四崎脚(即现在的棉袜巷头)。那时候,崎顶的杨文圃名茶及崎脚的陈进兴茶油都是驰名遐迩的名贵商品,许多顾客慕名而来。

杨文圃茶庄经历几代人的苦心经营,到了 19 世纪中后期,它的"茗色种"茶已戴上名牌商品的桂冠,每司码斤售价高达 32 元,而中档的"文圃小种"茶,则每司码斤售价为 4 元 8 角(当时大米每司担为 2 元多)。杨文圃茶庄的茶叶之所以有口皆碑,首先是它选用地道的原料茶制成。如"茗色种"选用武夷岩茶,中档'小种茶"则选用武夷和建瓯一带的闽北茶,而这些入选的原料茶,不仅性温不寒,经久耐藏,在加工中也都经过精心筛选,去粗存精。其次,文圃茶庄极讲究按严格的比例把新旧、粗细不同的原料茶拼配为成品茶。精湛的拼配技艺使它所出售的茶叶,在广大消费者中赢得了"外观雅致"、"泡水特长"及"味香兼佳"的称誉。南洋一带的华侨每逢离乡远去,都要购买一些文圃茶作为馈赠亲友的珍品。在国内,文圃茶也备受推崇,人们每逢喜事送礼或筹备嫁妆,也往往以彩礼中备有文圃茶为荣。当时,中档的"文圃小种"特别受到消费者的普遍欢迎。人们习惯用宜兴壶来冲泡文圃小种茶,久而久之,便使宜兴壶跟文圃小种茶结下了不解之缘。直到今天,"小种罐"在闽南方言中,已经成为一个专有所指的名物词了。

杨文圃茶庄不仅在南洋及闽南家喻户晓,在省城福州及闽北一带也同样著名。销路的扩大,业务的发展,使这个雄心勃勃的茶庄先后在武夷山购置了桂林、碧林、桃花、宝兴、玉林和庆云等6座茶岩来保障其原料茶的供应,这些茶岩于抗战期间典让给当时的福建示范茶厂。晚清的时候,由杨砚农所主持的杨文圃茶庄达到了全盛的阶段。杨砚农居长,时人称为"大舍"。但这个"大舍"未能持盈保泰,却特别迷恋官场的荣显。他曾利用茶叶纳税可以抵付捐官的机会,花了巨款,弄了个"通奉大夫"的官衔。从此以后,他出门坐官轿,处处受到地方官府的礼遇。

厦门"通奉第"这一路名,也正是他以官衔兴建府第而得名的。那个时候,每逢春茶采制,杨砚农便带着役从人员,派头十足地到武夷山区去"督制"茶叶。沿途官府为了从这个"大舍"身上捞到更多的财物,不仅来往迎送,甚至不惜鸣放礼炮,大献殷勤。杨砚农不仅在捐买官衔及应酬官府中耗费大量资财,而且在生活上也同样挥金如土。他酷嗜鸦片,连装鸦片烟都雇有专门的差役。每逢新蔬菜上市,只要菜贩子最先卖给他,便能得到最好的卖价。杨大舍一味追求奢阔,甚至连饮食上的佐餐配料也都要认真讲究。他家里拥有专门制作辣椒酱的人员,所制作出来的辣椒酱风味独特,甚至能使当时市场上的同类商品黯然失色。杨砚农的侄女杨淑昭,早在 1931 年曾在霞溪路开始经营著名的"园美辣椒酱"供应市场。直到现在,这种带有文圃风味的著名商品,仍然在老一辈人的记忆中留下深刻的印象。

挥金如土使杨砚农在经济上大伤元气,步入衰途,以至他上武夷山采办茶叶时,因为手头拮据,竟不得不采用半赊半现及分期付款的办法。杨砚农在 50 多岁死去后,文圃茶庄已负债 10 多万元。虽然凭着老招牌仍可维持门面,但众多的家族人口及各房头的尔虞我诈,争权夺利,使这个曾经兴旺发达的茶庄走到了经济崩溃的边缘。文圃茶庄到了后期,已经无力再上武夷山采办茶叶,它的门市常常无货可供,产品质量也未能保持稳定,最后终于坐吃山空,树倒猢狲散。据说茶庄在决计停业时,有一位华侨情愿用两万大洋的高价买下"杨文圃"这块招牌。尽管由于杨家内部财产分配问题的纠纷,这笔交易没有做成,但很能说明当时杨文圃茶庄在社会上影响之深。

20 世纪 30 年代,这家老茶庄的古式平屋建筑在厦门城大兴土木建设的浪潮中被湮没了。它所在的小山岗被铲平填海,开拓成马路,建起了楼房。时隔半个多世纪,老一辈的人却仍然喜欢提起这家曾经蜚声茶坛、驰名遐迩的老茶庄。

张源美茶行经营史

　　清康熙年间,厦门就已成为我国外贸茶市的中心,并以茶市带动了其他贸易。昔时,厦门市区茶店林立,茶摊成群,茶庄、茶行多达 40 多家,是我国其他城市少见的。在 40 多家茶店中,兼营内外销业务的张源美茶行,虽然创业历史不如林奇苑、芳茂等老茶铺,但规模之大、声誉之高,在缅甸、新加坡、马来西亚、香港和闽南地区的老一辈人中都留下了深刻的印象。

　　张源美茶行是安溪人张彩山(别名乃捧)、张彩凤(别名乃髻)、张彩南(别名乃贺)、张彩云(别名乃来)四兄弟创办的。清朝末期,外患频繁,农村破产,张氏兄弟为生活所逼,不得不背井离乡。先是张彩山、张彩凤于 19 世纪末年随乡亲南渡新加坡,张彩山白天在制造西谷米的工厂做工,晚上拉人力车,收入微薄,乃于 1904 年由新加坡辗转到缅甸毛淡棉山芭(农村),开荒种植果蔬,尚可维持生计。1911 年,彩山回乡成亲后,于翌年携带妻子再往缅甸。随后彩凤、彩云亦到缅甸协助产销业务,在自销果蔬产品过程中,广泛接触到缅甸商业社会的各个方面,即将市场信息传回家乡。

　　1921 年,张彩云回乡结婚时,耳闻目睹乡里几家在南洋经营家乡茶叶的茶庄,销路好,获利都多,遂萌生经营茶叶往缅销售的念头。经过一番努力筹备,终于在安溪建立了以"张源美"为商号,以"白毛猴"

为商标的张源美茶行。张源美中的"张"字表示姓氏,"源"则表示根源,由于农村中茶农制茶工具甚多,为便于区别,家家户户都具有自身的标志,张氏兄弟祖辈茶具标志为"源兴",故取首字"源"字居中,并以"美"字押后,象征优质产品"白毛猴"的形象。

茶行创建以后,张氏兄弟同心协力,首先精制茶叶24件,由张彩南押运到仰光推销。因为是新牌号,新产品,销售过程并不顺手。这批茶叶售完以后,张氏兄弟总结经验,商定由张彩南回国主持茶叶收购和加工工作,由张彩云前往缅甸负责销售业务。1922年,彩云到仰光后,考虑设店沽售,不易推广,而不辞劳苦,亲赴缅属各埠推销,环游三角洲及上下缅甸,虽偏僻小镇,足迹俱及。再者,委托仰光著名商家"集发"号代理门市,烦劳数年,逐渐打开销售局面。

张氏兄弟出身茶农世家,具有丰富的茶叶知识,他们深知善卖不如善买的道理,因而在选择货源这一关键性环节上,取得胜人一等的优势。同时他们又能利用产区廉价的劳力,就地把毛茶直接加工成商品茶,从而能够获得可观的商业利润。张氏兄弟采取这种分头把关,产销配套的格局,使低成本的产品在茶叶市场上表现出强大的竞争能力,使茶行在头几年内就出现开门利市,发展前途良好的势态,为茶行的黄金时代奠定了牢固的基础。

20世纪20年代,缅甸销售的茶叶,大部分都是由厦门的傅泉馨、王福美、林奇苑和三益等经营武夷茶的茶庄供销的。1930年,由于闽省土匪卢兴邦在南平索劫来往商人,致使闽南茶商在相当长的一段时间内不敢贸然前往闽北收购茶叶,从而形成武夷茶货源短缺,无法按量配发缅甸的局面。这种局面无疑有利于经营安溪茶叶为主的张氏兄弟,使他们能够乘机占领了缅甸的大部分茶叶市场。1931年,张氏兄弟在仰光设立茶叶批发场所,并将"白毛猴"商标向缅政府申请注册,开始进入大规模发展时期。张氏兄弟这种在安溪办茶厂加工茶叶,然后由厦门口岸托人办理转口缅甸的经营方式,已经不能适应业务发展的需要。为使产销业务衔接及时、稳妥,乃于1932年在厦门这个贸易港口独自创立茶叶转口和加工场所,使产、运、销形成配套。

1937年"七七"事变后,国内外政治、经济形势发生急剧变化,考虑到战时交通可能发生困难,张氏兄弟当机立断,乃另在香港、泉州设立茶叶转运栈,以便适应形势变化后的转运工作。另外,他们深知货源竞争是商业竞争中的要害之一。抗日战争全面爆发后,南洋交通隔断,茶叶销路受阻,国内茶叶市场价格大杀。他们看准时机,不但大量收购茶叶,而且从1939年起在闽北崇安武夷山区购置垆岫岩、青狮岩、土地公岩,并租用了一些比较著名的茶岩。同时又在崇安赤石街(现建机场,临溪边处)购置大茶厂一座,对茶叶进行加工精制。这一高瞻远瞩的举措,使张源美茶行货源的立足点从安溪扩展到闽北山区,为张氏日后事业的拓展奠定了坚实的基础。这个时候,乌龙茶品种齐全的张源美茶行的"白毛猴"商标茶叶,已经成为缅甸家喻户晓、妇孺皆知的名茶,每年销售量高达4000多箱,合计70余吨。

在缅甸茶叶市场上,张氏兄弟表现出超人的竞争艺术。第一,坚持生产"质优价昂"的产品,即铁盒装"岐山洞正白毛猴"、纸包装"岐山洞提枞小种"和"宝国水仙",倾力于维护名牌信誉。第二,不惜工本地生产以"万圃"、"福记"为牌号的"质优价廉"的产品,在市场上以泰山压顶之势与其他外来茶叶展开竞争,终以薄利多销而成为利益丰硕的得胜者。第三,坚守产品信誉,采取"茶质有变,旧可换新"的措施。缅甸地处热带,雨季长达半年,气温高,湿度大,茶叶护理困难,往往发生霉变。为此,张氏兄弟频频辗转巡视各个销售点,发现"茶质有变,必即以新换旧"。而与此同时,许多同行业的外来茶叶,却在供销过程中发生霉变而陷入举步艰难的困境。这种对销后产品品质认真负责的态度,进一步使张源美茶行在商业道德和质量信誉方面赢得消费者的信任。这些商业竞争艺术,可以说是茶行在半个多世纪以来获得成功的最大"秘诀"。

但是张源美茶行也曾经遭受过浩劫,经历了在困苦中求生存的艰辛路程。先是 1941 年秋天,在安溪家乡的茶厂和住宅遭受土匪的洗劫,财产损失严重。再就是太平洋战争爆发后,日军铁蹄践踏了东南亚各国。日机狂轰滥炸,张氏兄弟被迫放弃缅甸发迹地,辗转逃亡,取道云南回国。值此艰难之秋,权衡时宜,决心重振茶业,撤弃泉州的茶叶转运栈,选择物产富饶、茶叶销售量大的漳州市作为定居点,并在 1942 年创办了漳州张源美茶行。由于经营得法,又有雄厚的经济实力和固有的名牌声誉,在国内创办的第一家茶行的产品,很快就风行于整个闽南和粤东地区,成为当时闽南地区茶业中的佼佼者。

抗日战争胜利后,张源美在厦门、香港和仰光等地的经营机构先后恢复营业。张氏兄弟考虑到厦门人口众多,商贾云集,是福建省重要的贸易港口,乃确定张源美茶行总行设在厦门,由张彩云担任总经理,负责领导各埠头的茶行和茶厂。同时经营国内批零、代客买卖、代办出口茶叶等业务。厦门总行创立后,销售业务发展迅猛。尽管张源美茶行开业时间远远迟于林奇苑、芳茂等百年老铺,但由于它早已大规模地打入武夷山区,掌握有武夷茶的大部分货源,而且继续坚持"品质第一,作价恰当,勤于经营"的优良传统,因此它的武夷岽岫岩"老枞水仙"和"三印水仙",很快地在畅销武夷茶的厦门地区占领了大部分的消费市场,而它的中下档茶叶则靡销于漳浦、云霄、东山、诏安、同安、龙溪和海澄诸县区。

由于货源充足,具备了向广东、广西地区的消费市场发展业务的条件,于是张氏兄弟于 1947 年在广州设立了茶叶代销点。此时,厦门总行的茶叶出口业务,仍呈现出一种方兴未艾的好势头,每年经营和代办出口到东南亚各国的茶叶达六七千箱,最高年份突破万箱。张彩云除关心自己事业外,还热心为茶业工作服务,被茶业同仁推选为厦门市茶业同业公会理事长,至南渡时告辞。

抗战胜利后,厦门至南洋各埠的客货轮恢复直接往来。原来设立为仰光联行转口茶叶的香港张源美茶行,改为经营代客买卖业务,为国内联行和各地客商在香港销售茶叶和其他货物,并为南洋与国内一些客商的款项来往的转汇工作服务。同时还为台湾茶商销售大量的红茶和乌龙茶到欧洲各地。业务十分兴隆,有员工 10 多人,茶叶年销售量都在万件以上。

中外驰名的张源美茶行,由于业务拓展迅速,到抗日战争胜利后,已进入了迅速发展的时期。这时期,茶岩、茶园、茶厂分布在武夷山区和安溪茶区,茶行则分布在厦门、漳州、香港、仰光以及广州等地,固定的员工达 100 多入,自售的茶叶年达 250 吨以上,各埠往来的客商十分频繁。由于张氏兄弟子孙繁衍,家族人口不断增多,为便于经营管理,提高效益,乃于 1947 年对各地的经营机构,实行“分房头经营,自负经济盈亏”的管理办法,把武夷山茶岩、茶厂和香港茶行划归长房管理,由张绵传主持;把厦门总行划归二房管理,由张水存主持;把漳州和仰光茶行分别归三房、四房,负责人为张振美和张树根。长、二房由于人手缺少,划分后重新合作,聘请张彩云为经理。1948 年 10 月张彩云南渡缅甸后,由张水存和张绵传担任正副经理。这种分房管理,密切协作的新格局,进一步提高张氏族人的经营责任感,使张氏兄弟的事业进入了各自负责的另一个黄金时代。

新中国成立后,张氏兄弟在安溪和武夷山区的茶园、茶岩,按国家土地改革政策划分给茶农经营。1950年春,漳、厦张源美茶行在汕头合伙开设的裕源茶行,1952年因人事关系申请停业。厦门、漳州两地的茶行,于1956年参加公私合营。香港张源美茶行于1953年与友人合伙,另行成立福建茶行。1988年,张氏收回合伙分额,自设新明拓展公司。缅甸仰光老茶行则在声誉和规模上继续提高和发展。新中国成立初期,缅甸国家领导人来中国进行国事访问时,曾经对我国领导人提起张氏兄弟在缅甸经营的"白毛猴"茶叶,并倍加赞誉。

1953年以后,由于缅甸政府采取严禁外来茶叶进口的政策,张源美茶行被迫易弦改辙,不得不就地取材,开始制作和经营缅甸的土茶。同时由张彩云次子张嘉明在香港创办"营养食品厂",后改营"达明建材有限公司",经营卫生洁具业务。如今张氏在缅甸北珊邦叫脉埠茶山,建有设备机械化齐全的制茶厂,不但生产乌龙茶,而且生产红茶。加工后的茶叶全部运往仰光张氏的两家茶店出售。

1962年,缅甸政府实行国有化的经济政策,把张氏茶行收归缅甸政府所有。缅甸政府的经营者为取信于消费者,不但继续使用"白毛猴"为商标,甚至连茶叶的包装纸仍旧版印着原茶行创始人张彩云的头像。由于缅政府的经办人员对茶叶完全不了解,没有几年就把茶行搞得一团糟。而张氏族人凭着经验丰富的制茶技艺和经营艺术,另立牌号,继续以茶业谋求生存。

直到20世纪90年代,定居缅甸的张源美茶行创始人张彩云,虽然年逾九十,仍带领其下一代族人张树根、张华荣经营缅北茶山和仰光三美、源发两家茶店。1996年,笔者到缅甸探亲并考察了缅甸的茶叶市场,被缅政府没收的张源美茶行,早已关门大吉,唯有张氏兄弟开设的茶店,又重新独揽了缅甸的茶业。

厦门茶叶进出口公司的设立与发展

一、设立中茶厦门支公司的经过

1949 年,中国茶业公司成立于北京。1950 年,福建省分公司成立。当时对外贸易的主要对象是苏联、东欧等社会主义国家,因此公司着重经营大宗而又适销这些地区的红茶和绿茶。对于特殊品种乌龙茶,因为产量少,加工工艺比较复杂,又仅是"侨销茶",其主要口岸厦门又被美国封锁,所以当时有人议论把乌龙茶改制红茶。因此,中国茶业公司福建分公司厦门办事处迟迟至 1954 年底才在中山路 122 号楼下挂牌,以'祥记茶行"名称对外进行贸易。办事处创立后,克服了重重困难而逐步发展壮大,它已经使乌龙茶从"侨销茶"的地位跃进到世界性饮料的行列,而且受到越来越多人的欢迎。

厦门作为我国茶叶出口最早的港口,曾经是外贸茶市的中心。旧时,这座仅有 20 多万人口的城市,茶庄、茶行就有 40 多家。此外,遍布全市的烟摊、小贩和杂货店也都兼卖茶叶。此种茶店、茶摊成群,饮茶成风的情况,使厦门成为一座"茶叶飘香"的城市。当时的茶庄、茶行经营形式有以下几种类型:(1)经营小包装茶的茶店约占全市茶店的一半,多数批零兼营。(2)经营散装茶批发业务的茶店,在产地收购后,把茶叶运到本市销售。(3)专营出口业务的茶店,多数在本市收购产区小商小贩运来的茶叶,原装或加工后配给南洋联店或代销店。(4)内外销业务兼营的茶店,资力厚,业务大,是茶叶行业中的主干。

　　新中国成立后,这些茶店大部分继续经营,为国家恢复经济做出了应有的贡献。1954 年,在国家限制、利用、改造方针政策指引下,一些茶店组合成厦门茶叶出口联营小组和几家经销店,为中茶公司在安溪、建瓯收购的茶叶从事代销(出口)和经销(内销)业务。1956 年,私营工商业全行业进行公私合营时,厦门茶叶出口联营小组的成员组合为"公私合营厦门茶叶出口公司",由中茶出口公司厦门办事处领导,另 5 家公私合营茶店由商业局新成立的厦门市糕点公司领导。这时候,办事处迁于海后路 62 号,公私合营茶叶出口公司设于办事处邻近的人和路 67 号,一切工作纳入办事处轨道。

　　1954 年,中茶进出口公司厦门办事处成立后,虽然从茶叶行业中抽调了部分人员,但是它的技术力量与发展的态势还是极不相称的。1956 年合营公司成立,使它完全摆脱了短缺业务和技术人员以及不为国外客商充分了解的状况。可以说,它已经拥有了经营乌龙茶最雄厚的业务和技术队伍,而且能抽调人员支援省公司及安溪、漳州两茶厂。

　　由于原来茶庄、茶行的加工规模小,因而加工场所分散在开禾路、横竹路、洪本部和磁巷等地,全部采取手工操作,劳动强度大,生产效率低。1956 年下半年,厦门市外管局改为对外贸易局,全市经营进出口的企业先后集中于海后路 38 号大楼办公,合营公司遂与办事处合在一处工作,办事处随后更名为支公司。1958 年青墓山茶叶加工厂(现在厦门茶叶包装厂)建成后,茶叶遂集中加工,解决了茶叶分散加工的困难。

二、统一商品茶唛头

中茶出口公司厦门办事处成立之前,省公司已于 1953 年在漳州市成立办事处,经营安溪、建瓯等地"茶叶中心站"收购加工的乌龙茶。为了使乌龙茶收购、加工、出口配套成龙,省公司于 1951—1955 年,先后在建瓯、漳州、安溪等地设立乌龙茶精制厂。建瓯茶厂开始设于前清建宁府堂屋,不久全部迁于水南新建厂房,加工南平、三明地区的茶叶。漳州茶厂选址在漳州东门官园巷,1972 年迁往小坑头新厂,加工漳州、龙岩两地区的乌龙茶。安溪茶厂初期设于西坪,1957 年在官桥五里埔的黄土山上建造一处规模相当而又比较有条理化的生产厂房和住宅区,加工安溪、南安等地的茶叶。

乌龙茶的商品名称,初期各茶厂和各批茶叶使用的货号都不一致,在供销业务中存在许多麻烦。为了解决这种困难,统一商品名称势在必行。最初的改革是由每家茶厂制定一套唛号。为保持各地名茶的特色,安溪茶厂生产的铁观音和乌龙两个品种,单独以"官"、"奚"为代号,其余数十个品种归并为"色种",以"乔"为代号。漳州茶厂生产的产品,大部分与安溪色种和乌龙相类似,分别以"峰"、"和"为代号。建瓯茶厂生产的产品以"崇"、"夷"为武夷水仙和武夷奇种的代号,以"聿"、"瓦"为闽北水仙和闽北乌龙的代号。1959 年,泉州市(原晋江专署)把永春原华侨创办的永春华兴公司茶场改为永春茶场。1960 年,该场与永春北硿华侨农场合并为福建省永春北硿华侨茶果场。产品以"永"、"水"、"香"为色种、水仙、佛手种的代号。正茶,在这些代号后面加上四个阿拉伯数字,首字表示年度(如 1962 年以 2 表示),第二字表示级别,后两字表示批次。付脚茶,在这些代号后面加上五个阿拉伯数字,第一、三两字表示年度和品种,第二字为"O",可以灵活使用,末尾两字表示批次。这些代号和数字即为完整的货号。窨花的花茶类以"卮"、"圭"、"术"作为大花、桂花、树兰花的代号,加在各个货号前面。包装木板箱略呈四方立体形,上下两面空白,竖的相对两面上端标明福建乌龙茶(1985年以前用中国乌龙茶)。顺序而下为品种名称、重量、年度、中华人民共和国产品,另两面标明货号和批次。货号的使用虽然大大地简化了商品名称纷繁庞杂的状况,但是仍有不尽人意之处。1974年,支公司重新提出新的货号表示法,即以一个英文字母代表乌龙茶中一个大茶类的系列品名,以"K"代表铁观音,"S"代表色种,"L"代表乌龙,"Y"代表闽北水仙和闽南水仙,"B"代表武夷水仙,"C"代表武夷奇种,"H"代表佛手种。加上三个阿拉伯数字,首字表示产地厂名,第二、三字表示季别和级别,批次以较小的数字刷在货号上面。窨花的花茶以"T、K、C"代表大花、桂花、树兰花,加在货号前面(详见表1)。经过改进的货号,不但简单易记,而且趋于规范化、国际化。货号的使用,使福建乌龙茶出口既凭货号的质量标准予以放行,也凭货号交易。如今,这些货号已是国内外公认的名牌茶。

三、改进生产工艺,发展小包装茶生产

中茶厦门支公司的人员大量增加以后,经常对职工进行爱国主义教育和开展增产节约运动,激发了职工的生产热情和提合理化建议以及进行技术革新的积极性。如建议生产公司牌号的小包装茶,用散装茶为国外客商加工小包装茶,改变了小包装茶使用原私营牌号出口的状况,大大地增加了外汇收入。又如1958年和1974年,首创以煤代木炭焙茶和用电代高炉送热风烘焙茶叶的新方法,节约了木材,提高

了茶叶烘焙的数量和质量,减轻了工人的劳动强度,改善了茶叶烘焙的卫生条件。工人还提出十个"一"的节约措施,即节约一度电、一片茶、一张纸、一根钉、一粒煤、一寸木柴、一片铁皮、一滴油、一滴糊、一滴水。20 世纪 50 年代,科室人员白天工作,晚上经常义务参加工厂的加班劳动,及时解决生产中遇到的问题,增加出口货源,使公司、工厂的出口、生产任务年年超额完成,多次被市、省和全国评为先进单位,并出席省和全国"工业学大庆"、"农业学大寨"的代表会议。

1958 年,公司开始生产小包装茶。当时为避免伤害侨商的切身利益,在南洋一带小包装茶只作为一种宣传的手段。小包装茶以 AT(AMOY TEA 缩写)加上三个不同的阿拉伯数字表示不同品种、不同规格的货号。初期小包装茶标志采用"八中一茶"款式,即茶字在中央,八个中字环绕在茶字的周围。后来改用总公司注册的"新芽"、"向阳花"商标以及公司自立的"敦煌牌"商标。1960 年,公司认为全国茶叶使用统一商标不适宜,因此选择具有历史意义的厦门十里长堤"海堤"作为自己的商标,向国家工商行政管理局办理登记注册,之后也在英国、美国、加拿大、澳大利亚、日本、泰国和港澳地区办理注册手续。如今,海堤牌系列小包装茶,在国内外是畅销的名牌产品。1986 年,AT116 铁观音在巴黎博览会上荣获法国巴黎国际美食旅游协会的"金桂叶奖"。1993 年,海堤牌乌龙茶获西安中国体育用品博览会"金凤凰奖"。可见海堤牌乌龙茶在国内外市场的良好形象。小包装茶有锡罐装、铁听装、纸盒装、复合塑料袋装等大小规格的品种四五十种,形成了小包装茶系列产品(详见表 2),遍销于世界各大洲,为乌龙茶走向世界起了开路先锋的作用。

四、坚持质量第一,角逐国际市场

乌龙茶历来以"样品"进行交易。在使用上述货号的初期,公司对外成交的每一批茶叶,同样应先向外商寄出样品,然后再凭样品成交。由于口岸验收和产区精制厂能共同坚持质量和信誉第一的原则,并于每年新茶登场之前,由公司邀集备茶厂有关人员参加的定样会议,遂使茶叶质量的连续性和稳定性取得了有效的保证。此外,商检部门也认真执行口岸监督职能,严格禁止没有达标的产品出口。这种层层把关的措施,保证了乌龙茶产品的质量,很快得到外商的信赖。到了20世纪50年代末,乌龙茶传统销区东南亚和港澳地区的客户,已经习惯于不看样品就放心地凭唛号进行交易。这种信誉交易的办法,嗣后也在整个国际市场上被认可。继而公司与国家商检部门对乌龙茶制定了严格的感官与理化质量标准,使福建乌龙茶产品的质量更加稳定。1996年,公司在推行 ISO 9002 质量体系过程中,促使公司产品生产更加规范化、制度化,质量的管理保证体系更加完善、健全,企业管理水平向更高层次发展。1997年1月,公司通过了 ISO 9002 国际质量体系认证,成为全国茶叶系统、全市外贸企业首家产品通过 ISO 9002 质量体系认证的企业。

乌龙茶主要产区在福建和台湾。原来外销的市场是港澳和东南亚地区,在十分剧烈的竞争中,中、下档茶叶受到的威胁特别大。于是公司遂利用福建乌龙茶统一由厦门口岸出口的优势,在销区组织经销客户,以任务与优惠条件结合的方式,根据不同地区、不同对象的客户,采取因地制宜、因人制宜的措施,通过经销客户与台湾茶进行竞销。这种新的态势,使我省乌龙茶的销量步步上升。20世纪60年代,年出口港澳、新马的乌龙茶仅1200多吨。20世纪70年代末年达

2000 多吨,占领了大部分市场。对于远洋未开发的地区,公司则通过驻外兄弟机构,广泛联系客户,经常了解客户经营、资信的状况。对这些新地区、新客户采取多寄样、勤联系的方法,进行深入细致的宣传。1976 年,公司首次出口乌龙茶 3 吨往日本,开福建乌龙茶出口日本之先河。1978 年,日本传闻饮用乌龙茶可以减肥、美容,公司即在日本选择经销客户,经过双方协作和努力,促使了乌龙茶市场的发展。由于乌龙茶以其独特的韵味赢得了日本消费者的喜爱,1978 年,日本乌龙茶销量上升到 178 吨。1979 年,日本第一次掀起了“乌龙茶热”。1980 年,在公司支持下,日本经销商伊藤园株式会社试制罐装乌龙茶水获得成功,为茶叶的饮用另辟了蹊径。1984 年再度掀起“乌龙茶热”,于是乌龙茶名声大振,上百家的日本饮料商社参与生产罐装乌龙茶水,使得日本饮用乌龙茶“热潮”迭起。因此,福建乌龙茶对日本出口飞跃猛增。进入 20 世纪 90 年代,日本年进口乌龙茶 2 万吨左右,一跃成为乌龙茶最大进口国。与此同时,公司派出大批人员前往韩国、英国、美国、德国、加拿大、法国、荷兰、墨西哥、澳大利亚、南非等 20 多个国家,宣传乌龙茶的独特品质和介绍乌龙茶的品饮方法,取得了良好的效果。

乌龙茶经过厦门茶叶进出口公司艰苦的经营,销区突破了港澳和东南亚市场,扩展到欧洲、美洲、非洲、大洋洲,去掉了乌龙茶仅仅作为一种“侨销茶”的称呼。现在公司有 100 多家的贸易伙伴,遍及 42 个国家和地区,销售量年年上升(详见表3)。

五、大力扩展内销市场

1956 年对私营工商业的社会主义改造高潮后,内销茶叶业务并在市糕点公司的批发部,后又移给食杂公司、中百公司的业务股。
1957年下半年归口市供销社农产品站,1958年,农产品站在鹭江道
166号设立茶叶批发部。1959年5月,由五家合营店合并的厦门茶叶
总店也并入茶叶批发部,从而改变了内销茶叶多年分散加工的状况。
在大跃进的浪潮中,批发部又增加一个茶厂的招牌,负责厦门和海澄
(现龙海县部分)两地的供货工作。

1961年,全国茶叶的产、供、销统一由外贸部门经营,市农产品站
于1962年4月把茶叶批发部和茶厂移交给公司。为方便管理,公司
于同年10月把内销茶叶并入外销厂。与此同时,省公司把厦门内销
茶的业务扩大为二级站,增加供应同安县(原属晋江专区)的业务。
1963年,同安县的茶叶生产和收购工作也由公司经营,公司在同安城
关成立中茶同安采购站,按分工收购的毛茶调给安溪茶厂。1970年,
同安县的茶叶业务改归同安县供销社管理。省公司在经营全省内销
茶叶后,认为内销小包装茶的品名、品质规格、价格相当繁乱,提出整
顿要求,由公司提出一完整的品名、规格、价格方案,经全省各地代表
讨论决定后,即在全省执行,从而使我省内销茶走向规范化。

1964年,省茶叶的产、供、销业务重新进行分工,市商业部门的食
杂公司向厦门支公司接管了茶叶三级批发业务和三个茶叶门市部。
内销小包装茶的加工和供货工作仍然由公司负责。1975年,食杂公
司将茶叶三级批发业务移给市供销社的土产公司。1984年茶叶放开
自由经营后,公司在水仙路28号增加一家地方性企业"厦门茶叶进出
口贸易中心",经营茶叶、咖啡、可可等饮料品的进出口业务,兼设茶叶
经销部,批零内销茶叶业务。1988年8月,厦门茶叶进出口贸易中心
迁址思明西路40号营业,更名为厦门经济特区外贸集团公司茗芳进
出口公司,1993年又迁址镇海路旧茶厂自建的场所营业。由于公司

同样重视内销茶叶的质量,产品深受消费者的信任。10多年来,内销茶的销售量一再刷新历史记录(详见表4),销售地区也超越了原来划界供应的范围,扩展到乌龙茶主销地区的漳浦、云霄、诏安和潮汕等地。现在年销售量2000吨左右,为20世纪50年代百多吨的20多倍,居全国乌龙茶内销之鳌头。

六、拨乱反正,茶叶销售业务迅速发展

"文化大革命"期间,公司的经营秩序和机构遭到严重的破坏。"文化大革命"初期,在"破四旧,立四新"的口号下,驰名中外的"大红袍"、"铁观音"名茶品名,被斥为"封、资、修",强行改名为"大红岩"、"铁冠音"。采取散装原料茶为国外客商加工小包装茶的业务,被指责为"为资本家做工,替资本家赚钱"而勒令停止生产。传统出口的石亭绿茶业务也停了。1969年,厦门商业局、供销社、外贸局合并为商业局。原外贸系统所属的食品、土产、轻工、茶叶、外运、畜产等进出口公司合并为外贸公司。干部大量下放农村,茶叶业务合并在包括所有土畜产品业务的第四班。1972年,厦门外贸局又自成系统,属下成立粮油食品、土畜产、轻工、外运等进出口公司。土畜产进出口公司设茶叶股,负责经营茶叶内外销的一切工作。

1979年7月,中国土产畜产进出口公司福建省茶叶分公司厦门支公司重新成立。公司配备了经验丰富的领导,把住日本"乌龙茶热"的良机,抓紧货源工作,茶叶的出口业务迅速发展。为适应内外销业务发展需要,公司于同年10月在西郭动工兴建一座占地3万平方米、建筑面积3万多平方米的茶叶加工厂——外贸厦门茶厂。在基建过程中,由于受到外界的一再干预,工程于1980年和1981年两度"下马"

停建,延至 1987 年 8 月方告全部竣工。9 月 1 日正式投入生产,新厂配备了大规模生产的机器设备,建立自动化程度较高的立体生产线,生产流程顺序合理,生产效率、产品质量进一步提高,满足了国内外市场急剧增长的需求。

1977 年,外贸系统接受安排集体所有制工人的任务,在公司的领导下,成立一家"厦门茶叶包装厂",招收工人 130 多人,暂时安插在国营茶叶加工厂工作。新茶厂竣工后,原茶厂全民的员工全部分到新厂,负责外销茶叶的生产。旧厂厂房让给厦门茶叶包装厂,主要负责公司内销茶叶的生产。

1984 年茶叶放开自由经营以后,因为乌龙茶在国际市场的景况比较良好,全国各地新开办的茶叶企业,以及全国原有的茶叶进出口公司,竞相在乌龙茶产区争夺货源,甚至采取以次充好,以假乱真的手段竞相出口,致使冒牌或赝品充斥国外市场,客户反映十分强烈。对此公司及时将情况向上级和有关部门汇报,要求采取有力措施,保护乌龙茶的声誉。为扭转茶叶出口混乱的局面,1985 年 9 月,乌龙茶出口实行许可证办法,规定由 4 个承担乌龙茶收汇任务的口岸经营出口。厦门支公司作为茶叶进出口公司中最低层次的一个公司,仍然常常在客源和货源上陷入举步维艰、动辄受制的困境。

为了适应新的形势,公司采取以茶为主,多种经营的方针。1987 年 10 月,选择日本客户提供的先进设备和技术,与中国茶叶进出口公司和厦门饮料厂联合组织中外合资企业"华日食品有限公司"。由公司提供原料茶,生产乌龙茶浓缩液,产品全部外销,年创汇 100 多万美元。外引内联不仅为特区建设多创外汇和给企业增添了经营之道,而且使茶叶进入我市饮料加工行列,为饮料事业锦上添花。现在公司有境内合资企业 5 家,从事乌龙茶浓缩液、罐装乌龙茶水、茶园复合肥、家私生产和仓储运输业务。境外合资公司 3 家,从事转口贸易。

　　厦门是一个历史悠久的乌龙茶口岸,公司不仅有一支训练有素的业务技术人员,而且凭着信守"质量第一"的宗旨,仍然在国内外客户中赢得广泛的信赖。厦门口岸出口的乌龙茶,1955—1978 年年平均出口 1262 吨,1979—1984 年年平均出口 2806 吨,1985—1994 年年平均出口 5433 吨。后 10 年的年平均数为 1955 年 450 吨的 10 多倍,为 1984 年 3570 吨的 1 倍半,也大大地超过一世纪前的 1877 年厦门口岸茶叶出口的最高记录,厦门口岸乌龙茶出口再现辉煌。因此,公司连续多年被福建省政府、厦门市政府、中国土畜产进出口总公司分别授予"出口创汇大户"、"出口创汇先进企业"、"经济效益先进企业"、"重合同守信用企业"等称号。现在厦门茶叶进出口公司是全国规模最大、品种最全、数量最多、品质最优的乌龙茶加工贸易企业。乌龙茶出口飞跃猛增的态势,大大地促进了乌龙茶生产的发展。现在福建省乌龙茶的产量年 4 万多吨,为 1949 年 0.10 万吨的 40 多倍。

表1　散装乌龙茶新旧货号对照表

厂名	品　名	级　别	旧货号	新货号
崇安茶厂	武夷水仙	特	崇 X0XX	B700
	武夷水仙	一	崇 X1XX	B701
	武夷水仙	二	崇 X2XX	B702
	武夷水仙	三	崇 X3XX	B708
	武夷水仙	四	崇 X4XX	B704
	武夷奇种	特	夷 X0XX	C700
	武夷奇种	一	夷 X1XX	C701
	武夷奇种	二	夷 X2XX	C702
	武夷奇种	三	夷 X3XX	C703
	武夷奇种	四	夷 X4XX	C704
	武夷粗茶			
	武夷高级细茶			
	茶　梗			
建瓯茶厂	闽北水仙	特	聿 X0XX	Y300
	闽北水仙	一	聿 XIXX	Y301
	闽北水仙	二	聿 X2XX	Y302
	闽北水仙	三	聿 X3XX	Y303
	闽北水仙	四	聿 X4XX	Y304
	闽北乌龙	特	瓦 X0XX	L300
	闽北乌龙	一	瓦 XIXX	L301
	闽北乌龙	二	瓦 X2XX	L302
	闽北乌龙	三	瓦 X3XX	L303

续表

厂名	品名	级别	旧货号	新货号
建瓯茶厂	闽北乌龙	四	瓦X4XX	L304
	水仙粗茶		聿X01XX	Y306
	水仙细茶		聿X02XX	Y307
	茶 梗		聿X04XX	Y308
安溪茶厂	铁观音	特	官X0XX	K100
	铁观音	一	官X1XX	K101
	铁观音	二	官X2XX	K102
	铁观音	三	官X3XX	K103
	铁观音	四	官X4XX	K104
	色 种	特	乔X0XX	S100
	色 种	一	乔X1XX	S101
	色 种	二	乔X2XX	S102
	色 种	三	乔X3XX	S103
	色 种	四	乔X4XX	S104
	乌 龙	一	奚X1XX	L101
	乌 龙	二	奚X2XX	L102
	乌 龙	三	奚X3XX	L103
	色种大花	二	厄乔X2XX	TS102
	色种桂花	二	圭乔X2XX	KS102
	铁观音细茶		官X02XX	K107
	色种粗茶		乔X01XX	S106
	色种细茶		乔X02XX	S107
	茶 梗		乔X04XX	S108
	凤 梗			S109

续表

厂名	品 名	级 别	旧货号	新货号
漳州茶厂	铁观音	特	音 X0XX	K200
	铁观音	一	音 X1XX	K201
	铁观音	二	音 X2XX	K202
	铁观音	三	音 X3XX	K203
	铁观音	四	音 X4XX	K204
	色 种	特	峰 X0XX	S200
	色 种	一	峰 X1XX	S201
	色 种	二	峰 X2XX	S202
	色 种	三	峰 X3XX	S203
	色 种	四	峰 X4XX	S204
	乌 龙	一	和 X1XX	L201
	乌 龙	二	和 X2XX	L202
	乌 龙	三	和 X3XX	L203
	色种树兰	二	术峰 X2XX	CS202
	色种树兰	三	术峰 X3XX	CS203
	乌龙树兰	一	术和 X1XX	CS201
	乌龙树兰	二	术和 X2XX	CS202
	乌龙树兰	三	术和 X3XX	CS203
	色种粗茶			S206
	色种细茶			S207
	茶 梗			S208
永春茶厂	铁观音	特	春 X0XX	K400
	铁观音	一	春 X1XX	K401
	铁观音	二	春 X2XX	K402

续表

厂名	品　名	级　别	旧货号	新货号
	铁观音	三	春 X3XX	K403
	铁观音	四	春 X4XX	K404
	色　种	特	永 X0XX	S400
	色　种	一	永 X1XX	S401
	色　种	二	永 X2XX	S402
	色　种	三	永 X3XX	S403
	色　种	四	永 X4XX	S404
永 春 茶 厂	水　仙	特	水 X0XX	Y400
	水　仙	一	水 X1XX	Y401
	水　仙	二	水 X2XX	Y402
	水　仙	三	水 X3XX	Y403
	水　仙	四	水 X4XX	Y404
	香　橼	特	香 X0XX	H400
	香　橼	一	香 X1XX	H401
	香　橼	二	香 X2XX	H402
	色种粗茶		永 X01XX	S406
	色种细茶		永 X02XX	S407
	茶　梗		永 X04XX	S408

说明:"X"表示数字。

表 2 出口包装茶目录

商标	货号	品 名	规 格	每箱	
				盒、罐	公斤
海堤牌	AT001	肉 桂	125 克锡罐装	20	2.5
海堤牌	AT003	不知春	125 克锡罐装	20	2.5
海堤牌	AT005	千里香	125 克锡罐装	20	2.5
海堤牌	AT007	极品铁观音	125 克锡罐装	20	2.5
海堤牌	AT101	武夷单枞奇种	125 克铁听装	40	5
海堤牌	AT102	武夷老枞水仙	125 克铁听装	40	5
海堤牌	AT103	武夷大红袍	125 克铁听装	80	10
海堤牌	AT104	安溪铁观音	125 克铁听装	80	10
海堤牌	AT105	武夷水仙种	5 克 12 泡铁听装	200	12
海堤牌	AT106	武夷铁罗汉	5 克 12 泡铁听装	200	12
海堤牌	AT107	茗 香	10 克 50 泡铁听装	24	12
海堤牌	AT108	武夷三印水仙	100 克铁听装	80	8
海堤牌	AT109	黄金桂	125 克铁听装	80	10
敦煌牌	AT112	敦煌水仙	100 克铁听装	80	8
敦煌牌	AT113	敦煌铁观音	100 克铁听装	80	8
海堤牌	AT115	乌 龙	125 克铁听装	80	10
海堤牌	AT116	铁观音	10 克 50 泡铁听装	24	12
海堤牌	AT117	水 仙	10 克 50 泡铁听装	24	12
海堤牌	AT118	黄金桂	200 克铁听装	40	8
海堤牌	AT119	正溪茶	10 克 50 泡铁听装	24	12
海堤牌	AT200	铁观音	125 克纸盒装	120	15

续表

商标	货号	品　名	规　格	每箱	
				盒、罐	公斤
海堤牌	AT201	黄金桂	125 克纸盒装	120	15
海堤牌	AT202	铁观音	125 克纸盒装	120	15
海堤牌	AT203	水　仙	125 克纸盒装	120	15
海堤牌	AT204	茗　香	125 克纸盒装	120	15
海堤牌	AT206	乌　龙	125 克纸盒装	120	15
海堤牌	AT207	正溪茶	125 克纸盒装	120	15
海堤牌	AT208	闽北乌龙	227 克(1/2 磅)纸盒装	60	13.67
海堤牌	AT209	乌龙细茶	2 克 20 泡纸盒装	192	7.63
海堤牌	AT209B	乌龙细茶	2 克 10 泡纸盒装	48	9.6
海堤牌	AT210	乌龙细茶	2 克 10 泡纸盒装	48	9.6
海堤牌	AT211	乌龙细茶	2 克 20 泡纸盒装	100	4
海堤牌	AT212	铁观音袋泡茶	2 克 20 泡纸盒装	100	4
海堤牌	AT215	铁观音	250 克纸包装	24	6
海堤牌	AT301	武夷真枞水仙	125 克纸盒装	120	15
海堤牌	AT302	武夷玉凤水仙	125 克纸盒装	120	15
海堤牌	AT303	武夷茗茶	125 克纸盒装	120	15
海堤牌	AT304	敦煌铁观音	125 克纸盒装	120	15
海堤牌	AT305	敦煌铁观音	12.5 克纸包装	1200	15
海堤牌	AT306	敦煌一枝春	125 克纸盒装	120	15
海堤牌	AT307	敦煌一枝春	12.5 克纸包装	1200	15
海堤牌	AT309	敦煌乌龙	12.5 克纸包装	1200	15
海堤牌	AT310	敦煌回甘小种	125 克纸盒装	120	15

续表

商标	货号	品　名	规　格	每箱	
				盒、罐	公斤
海堤牌	AT311	铁观音	10 克复合塑料袋	120	12
海堤牌	AT312	铁观音	50 克复合塑料袋	300	15
海堤牌	AT313	黄金桂	100 克复合塑料袋	120	12
海堤牌	AT314	茗　香	100 克复合塑料袋	120	12
海堤牌	AT315	佛　手	100 克复合塑料袋	120	12

表3　1955—1995 年厦门乌龙茶出口数量表

单位:吨

年度	数量	年度	数量	年度	数量
1955	449.79	1969	1282.11	1983	3001.43
1956	967.67	1970	1126.50	1984	3569.81
1957	911.65	1971	1406.43	1985	3897.09
1958	865.26	1972	1472.09	1986	3446.29
1959	952.35	1973	1557.85	1987	4303.00
1960	1303.64	1974	1329.50	1988	4490.40
1961	1237.64	1975	1438.00	1989	3529.47
1962	1200.23	1976	1741.91	1990	5509.36
1963	1222.68	1977	1953.49	1991	7536.00
1964	1261.98	1978	2103.97	1992	8053.00
1965	1322.79	1979	2169.07	1993	6630.00
1966	1204.12	1980	2663.37	1994	6935.00
1967	825.44	1981	2573.23	1995	7775.00
1968	1156.28	1982	2856.61		

说明:1955—1983 年,中国福建乌龙茶均由厦门茶叶进出口公司出口。
1984 年茶叶放开自由经营以后,闽、粤各口岸茶叶公司皆有出口。

表4 1956—1995年厦门地区茶叶销售数量表

单位:吨

年度	合计	厦门	同安	龙海	其他
1956	75	75			
1957	77	77			
1958	76	76			
1959	101	81		20	
1960	110	85		25	
1961	106	76		30	
1962	94	77		17	
1963	99	78	16	5	
1964	105	83	17	5	
1965	126	95	25	6	
1966	135	125		10	
1967	157	144		13	
1968	185	168		17	
1969	218	193		25	
1970	180	109	34	37	
1971	298	253		45	
1972	380	235	62	83	
1973	311	204	80	27	
1974	326	215	83	28	
1975	341	226	85	30	
1976	357	237	88	32	
1977	372	248	91	33	

续表

年度	合计	厦门	同安	龙海	其他
1978	387	259	94	34	
1979	403	271	97	35	
1980	378	267	82	29	
1981	354	264	59	31	
1982	582	391	127	64	
1983	512	419	5	88	
1984	554	479	2	73	
1985	481	440		41	
1986	563	500			63
1987	712	618			94
1988	958	815			143
1989	1145	786			359
1990	1284	876			408
1991	1190				
1992	1328				
1993	1598				
1994	1603				
1995	1804				

说明:1986 年以后,龙海统计在其他栏内。

外贸厦门茶厂的营建

　　位于筼筜湖畔的外贸厦门茶厂,是一家布局合理、设备完善、工艺先进、管理有序的茶叶加工厂。它占地面积 3 万平方米,现在年加工茶叶 5000 多吨,是厦门出口创汇大户。可谁能料到,这座全国外贸一流的茶厂在营建过程中,却遭遇"三上二下"的厄运。现在回顾起来,倍感创业之艰辛。

　　1954 年底,中国茶业公司福建省分公司在厦门设立办事处,租用原中山路 122 号底层作为办公场所。办事处负责经营福建乌龙茶出口,但是各地来货不可能全部适合市场的需求,有些品种必须重新进行加工、拼配和包装。斯时,原私营一些茶行、茶庄的加工场所虽然可以利用,然因分散又简陋,管理也不方便,所以办事处必须拥有一座设备比较先进、规模比较庞大的茶叶加工厂,才能适应业务的发展。

　　1958—1959 年,办事处向市城建局申请青墓山西侧的坡地 1871 平方米作为营造茶叶加工厂的用地。初期建造一幢折线形二层砖木结构的厂房(现建宿舍处),面积 1791 平方米,作为筛分、拣场、烘焙、拼堆、小包装和堆放待加工茶叶。一座土木结构的简易搭盖(现建小包装楼部分),面积 300 平方米,是制箱和堆放包装箱原料场所。另有近百平方米的办公室、审评室和值班室。年加工茶叶几百吨。跨入 20 世纪 60 年代,内外销小包装茶的销量迅速增加,又陆续申请用地和增建 3 幢两层混合结构的厂房和 1 幢五层框架结构的小包装茶车间。至 20 世纪 70 年代末,茶叶加工厂占地面积扩大至 4281 平方米,建筑面积 7293 平方米,工人 200 多人,筛分、风选、拣剔、烘焙,大部分采用机械代替手工操作,年加工散装茶近千吨,小包装茶 1000 多吨。

1977 年,国家计委、财政部、外贸部发出"关于下达 1978 年出口生产措施费用计划的通知"和 1978 年外贸部、轻工部、纺织部、石化部、供销合作总社联合发出"关于安排 1978 年出口商品生产措施投资的通知",下达外贸厦门茶厂基建项目资金 160 万元,改建任务 25 万元。市建设局根据中央下达厦门建设茶厂的通知,规划东渡石头村土地 34785 平方米作为营造新茶厂用地。但由于市领导意见一时未能统一,征地迟迟未获解决,而外贸部又要求尽快建成投产。因此,市外贸局于 1979 年初下文通知:"为争取工程快上,经研究决定,将东渡原已批准的外贸机修厂土地 3 万平方米调整作茶厂基建用地。"当时外贸部、省市外贸局和公司有关人员一起到现场查看,大家一致赞同。经勘测设计和施工准备,于 1979 年 10 月 3 日破土动工,计划于 1980 年完成全部土建工程,1981 年上半年竣工。

时至 1979 年 12 月 29 日,厦门市革命委员会对茶厂征用土地事始予批复:"同意在东渡仙岳路北侧核给你公司土地 17000 平方米,作为你公司茶厂迁厂用地。"该文下达后,市外贸局有些人趁势要茶厂移至上述地址兴建,遂于 1980 年 1 月 11 日和 21 日行文给施工单位和茶叶公司,文云:"鉴于现厂址地质碱性大,周围环境污染严重,对出口茶叶质量影响极大。……不宜在筼筜港北侧(湖滨北路现外运汽车队后段)海滩地投建。改换按照市革委会批准新征用地点投建。"茶叶公司接到通知后,立即停建。当时公司负责茶厂基建工作的只有一位专职干部和笔者两人,我们对现址与仙岳路北侧新址的情况十分清楚,外贸局意在收回批给之用地,竟不惜用不实之词,实是憾事。回想一年多来,为工程早日"上马",四处奔波求助,眼见围墙内宽敞笔直道路,已完工的机修车间、车库以及即将完工的食堂,怎不令人恋念。而仙岳路北侧的斜坡地,仅续批用地和平整土地就要一两年,实在令人心寒。

经过两个多月的思虑,我们认为应该为保证茶叶品质、卫生和争取早日投产提出我们的见解,于是由笔者写了一份有据、有理、有节长达 2000 字的报告,叙述现址并不存在污染而新址已客观存在污染的事实和现址比新址还有许多有利条件,并没有丝毫不宜之处,请求茶厂仍在原湖滨北路续建。该文于 3 月 24 日送到公司经理室,借此推动公司领导越出困境。时适经理因公出国,几位副经理不敢贸然签发,有位副经理对笔者说,意谓上司不好商量,你们可以寄去报社发表,真是令人费解。经理回来后,书记、经理们一起进行研究,认为报告论据正确,理由充分,即于 3 月 28 日发出。

该报告除送市外贸局外,同时抄报市革委会、省外贸局、省土产畜产进出口公司。省茶叶进出口公司经理看到报告后,十分重视茶厂停建迁址的问题,即邀请省外贸局有关人员于 4 月 9 日专程到厦门进行调查,并查问工程停建许久,为何从未提及。在厦期间,他们先后走访了市革委会、环保局、厦门商检处,并采取茶叶实地测试的方法,经市商检处和省土畜产进出口公司茶叶审评室鉴定,并未发现有任何异味。在取得各方实据以后,公司写了一份报告,主送市外贸局,抄报省土产畜产进出口公司。送省函件,由笔者和另一位同志专程送上,省茶叶进出口公司收到该文后,经理当日亲自呈文给省外贸局。省局根据实地调查取证的材料,认为在原址建厂为宜。翌日(4 月 26 日),省外贸局下文给厦门市外贸局:"厦门茶叶支公司 3 月 28 日报告,要求茶厂仍在湖滨北路原址兴建。我局于 4 月 9 日派省基建处和省土畜产分公司负责同志专程到厦门,会同你局负责同志及基建负责同志进行实地调查,市局意见请省局决定办理。根据上述调查,我们认为仍在现已动工地址兴建为宜,请抓紧施工,争取尽快投产。"于是茶厂工程第二次"上马"。

1980 年 7 月,施工单位重新进场。未及一年,风波又起。1981 年 4 月 27 日,市外贸局在系统经理会上口头通知,市政府要收回西郭地区作为特区加工区,对已建成项目,市政府负责安排地点重建归还。此时,茶厂 15 个单体工程已完工,或将完工的有 10 个。停建以后,本来可以在已批准的石头村投建,该处四面青山,环境十分清静,但是根据各地茶厂的经验,青山飞蛾、蚊虫特多,夜间群虫扑灯,容易掉进加工中的茶里,严重影响茶叶卫生。为保证茶叶品质和工程快上,公司主张在原旧茶厂扩建。市领导和有关部门曾一起到现场查看,同意公司意见。由于周围房屋拆迁问题一时难以解决,正在进退两难之际,特区已选址湖里 2.5 平方公里作为加工区。1983 年初,市政府同意茶厂在原址再次"上马"。由于几年前设计的生产车间皆为不抗震的预制板柱梁结构,而新的抗震规范规定厦门属 7 度设防,拟改用可抗震现浇钢筋混凝土结构,因此必须委托原设计单位重新设计有关图纸后方能进行施工,拖延了一些时日。又原施工单位接受特区加工区建设任务,无法再为茶厂续建,新承建单位又得摸索一番。停建期间,外贸局在厂内搭盖的简易仓库待拆除和公司增建大仓库建设项目以及筹措缺口资金等原因,直至 1987 年 9 月 1 日,几经波折、三上二下,历经八载、耗资千万、建筑面积 3 万多平方米的现代化茶厂,终于在鞭炮声、欢笑声和隆隆的机器声中投入了生产。

香飘四海葆声誉

海外乌龙茶市场纵横谈

乌龙茶是我国六大茶类中输出比较早的茶类。以各时期输出的主要市场进行划分,可以分成三个时期,即风靡欧美时期、侨销茶时期和日本乌龙茶热时期,或称液体乌龙茶时期。

一、风靡欧美时期

(一)欧洲人论茶

根据可见文献记载,16世纪中后期,欧洲人对中国茶叶始有所见闻。1545年前后,意大利人赖麦锡(Giambatista Ramusio)写的《航海记集成》中载:"在中国,所到之处都在饮茶,空腹时喝上一二杯这样的茶水,能治疗热病、头痛、胃痛、横腹或关节痛。茶还是治疗痛风的灵药,饭吃得过饱,喝一点这样茶水,马上就消积化食。"该书应是较早提及中国茶叶的著作。1556年,葡萄牙传教士克鲁兹(Gaspar Da Cruz)传教至广州,4年后回国,写了《广州记述》一书,叙述:"中国人在欢迎他们所尊重的客人时,总是用一个干净的盘子,上面端着一只瓷杯子……客人喝着他们称之为'Cha'(茶)的药物饮料,颜色微红,有苦味。"茶在克鲁兹的印象中是药物和招待客人的饮料。"Cha"字应在这时起开始使用。1582 年,意大利人耶稣会传教士利玛窦来到中国,并在宫廷供职。利氏对中国茶是这样记述:"有一种灌木,它的叶子可以煎成中国人、日本人和他们邻人称作'Cha'的那种著名饮料。他们在春天采集这种叶子,放在荫凉处阴干,然后用这种干叶子调制饮料,供吃饭时饮用,或朋友来访时待客。只要宾主在一起谈话,就不停地献茶。这种饮料是要品啜而不要大饮,并且总是趁热喝。经常饮用也被认为是有益健康的。这种灌木叶子分不同等级,按质量可卖 1 个或 2 个,甚至 3 个金锭 1 磅。在日本,最好的可卖到 10 个,甚至 12 个金锭 1 磅。日本人把茶叶碎成末,放 2~3 匙于茶碗,注入热水,搅拌后全部喝掉。中国人则把茶叶盛入热水的壶内,喝其汤而把茶叶剩下。"利氏对中国茶叶的记述是比较详细又具体的。以后叙述茶叶的书籍就越来越多了。

(二)乌龙茶(或称武夷茶)输入欧洲

荷兰人是最早购用中国茶叶的欧洲人。1596 年,荷兰人在爪哇万丹建立东洋贸易据点。1610 年(明万历三十八年),荷兰商人在万丹首次购到由厦门商人运去的茶叶,以后又在爪哇、苏门答腊多次购买华茶,然后转运欧洲,卖给英国等国家。当英国东印度公司直接到东方进行贸易的时候,茶叶便成为荷兰人和英国人争夺市场的商品,并成为欧洲人普遍的饮料。

英国人饮茶始于何年尚待查考。1600 年,英国政府特许设立东印度公司,主要是对印度和中国的贸易实行垄断并进行殖民掠夺。最早的记录应是 1615 年 6 月 27 日,在日本平户东印度公司任职的英籍经纪人 R. 韦克汉姆(R. Wickham)致澳门同行伊顿的信中说:"请替我购买一些上等的澳门佳茗,必须各色品种齐全,我将不惜重金支付。"

1637 年(崇祯十年)4 月 6 日,英国东印度公司商船来到广州,第一次运去茶叶 51 公斤(112 磅)。1644 年,英国东印度公司在厦门设立代办处,1664 年在澳门设立办事处,1676 年和 1684 年先后在厦门和广州沙面设立商馆,1702 年在舟山设贸易采购站。英国东印度公司皆委托代办处在中国购买茶叶,先运至印度马德拉斯,再转运到英国。1689 年(康熙二十八年),委托厦门商馆代买箱装茶叶 9 吨直接运往英国,始创中国茶叶直接运至英国的先例。是年,连从马德拉斯转口的茶叶共输入 11.5 吨。1660 年,英国著名茶商托马斯·卡洛韦(Thomas Garra Way)出版的《茶叶和种植、质量和品德》一书中说:"英国的茶叶,起初是东印度公司从厦门引进的。"并说:"茶是很珍贵的一种饮料,价格昂贵,只有王公贵族把它用作赠送客人的礼品。"1658 年 6 月 30 日,伦敦《政治公报》刊登希泰尼(Sultaheoo Head)咖啡室在售茶广告中载:上一年(1657 年)由荷兰输英之中国茶叶,每磅 6～10 镑。

至于当时输往欧洲的茶叶属哪一种茶类呢?1721 年,苏格兰诗人林萨(Auen Ramsay)的《茶歌》写道:"信嘉乡之殊珍兮,而百草之尤。称绿茶兮,武夷之名最优。"明末清初郑成功谋士阮旻锡写的《安溪茶歌》云:"西洋番舶岁来买,王钱不论凭官牙。溪茶遂仿岩茶样,先炒后焙不争差。""岩茶",即乌龙茶中的武夷茶。以上两首茶歌,说明当时由厦门或广州输出的茶叶有绿茶和乌龙茶两大类。如 1699 年,东印度公司订购的茶叶有优质绿茶 300 桶,武夷茶 80 桶。1702 年载运的一整船茶叶,其中松罗茶占三分之二,珠茶占六分之一,武夷茶占六分之一。1751—1760 年,英国东印度公司从中国输入茶叶 16798 吨,其中武夷茶 10728 吨,占总输出量的 63.30%。可见英国后期输入的茶叶是以武夷茶为主的。

(三)欧洲人饮茶风俗

茶叶初期运到荷兰时,海牙东印度公司的首脑视茶为高贵物品,只在会见贵宾或举行典礼仪式时饮用。1635 年后,茶叶才成为宫廷的时尚饮料。到 1680 年,荷兰很多主妇于家中设茶室。经济困难的市民,尤其是妇女,则在啤酒店饮茶,组成所谓饮茶俱乐部,形成妇女的饮茶热,饮茶遂遍及全国。一般家庭早餐时饮茶,午后茶为家家户户的惯例。下午、傍晚及晚饭后,多数家庭都有饮茶习惯。荷兰茶叶消费的数量不多,但在世界茶叶贸易中却占有重要的地位,因其开展茶叶贸易最早,在很长的时期内是欧洲最重要的茶叶转运国,首都阿姆斯特丹是欧洲最古老的茶叶市场。

茶叶传入英国的初期,只供作贵族宴会时饮用。1661 年,葡萄牙公主卡特琳嫁给英王查理二世,把饮茶之风带入英国宫廷,家庭茶会是王公贵族阶层时髦的社交礼仪。到 18 世纪中叶,饮茶的习惯已普及到社会各阶层,很多的杂货店开始供应茶叶,改变了茶叶只在药店或咖啡店出售的状况。正如马克思所指出的,此时饮用中国茶叶已变成伦敦街头劳动人民的习惯。其时,伦敦茶价仍然很高,茶叶往往被浸泡数次,以尽取其味。于是一般以武夷茶泡三次,工夫茶泡二次为常例。英国人饮茶像中国人吃饭一样,有早茶、午茶和晚茶之分,而且饮茶的时间是不能耽搁的。早晨醒来的时候,不论在家里、旅馆、医院都能得到一杯茶,作为醒睡及兴奋剂。午后茶起源于 18 世纪中叶,当时有位裴德福(Bedford)公爵的夫人安娜(Bedford Anna)别出心裁,在下午请宾客进茶点,深受欢迎。此后,午后茶就成为一种时兴的礼仪。早茶与午后茶比较普遍,各阶层都有其饮茶习惯。上层社会的午后茶,为一天中聚会最好的时机。晚间饮茶,富有家庭在很迟的夜餐以前,贫困家庭则在很早的夜餐以后。工间饮茶是职工享有的权利,每天上下午都享有法定的 15 分钟饮茶时间。如今英国任何一家公司都为员工准备有电壶、茶杯、茶叶和牛奶。各大机关、大企业必有饮茶室,没有饮茶室的大多有"烧茶妇",专事烧开水泡茶,用小推车将茶水送到每个人手中。一家人坐下饮茶,倒茶的"专利权"通常是妈妈,所以朋友们在聚会喝茶时,常常开玩笑地问,"谁来当妈妈"。

东欧与苏联这些国家,饮茶采用俄国式饮法,西欧各国泡饮方法与英国相同。

(四)欧洲人对茶的称赞

当饮茶热在欧洲冒起之际,曾激起一场关于饮茶有否益处的争论。贬毁者竭力诽谤,视茶为"祸国殃民";赞美者喻茶为"灵丹妙药"。如伊莉沙白女王(1603 年逝世)的传讲亨利・萨比尔竭力反对饮茶,在给友人柯文特的信中说,"最虔敬的基督教徒不能染上这种不洁的饮茶恶习"。德国耶稣派传教士尔里奇诺・马里奇尼的反对论可谓杰作,他说:"中国人面黄肌瘦,盖因饮茶。"强硬主张"排斥茶吧! 把茶还给他国吧"。1756 年,伦敦商人汉威发表《论茶》说:"茶危及健康,妨害实业,并使国家贫弱。茶为神经衰弱、坏血病及齿病之源。"在荷兰,茶会的狂潮使无数家庭萎靡颓废,一些主持家务的贵妇人嗜茶如命,亲自烹茶,弃家聚会,终日陶醉于饮茶的社交活动中,以致遭到社会的指责。作家亦因此以茶为题材,写了一部名谓《茶迷贵夫人》的喜剧,并于 1701 年在阿姆斯特丹上演,讽刺性地描绘当时荷兰贵妇人的茶会情景。然而荷兰著名医师尼克拉斯・迪鲁库恩在 1641 年出版的《医学论》一书中则列举了茶的许多药物效果,"什么东西都比不上茶,由于茶叶的作用,饮茶人可以从所有疾病中解脱出来,并且可以长寿。

茶不仅给肉体带来巨大活力,喝茶还会预防结石、胆石、头痛、感冒、眼炎、黏膜炎、气喘、肠胃病等。此外,茶还有止困提神的作用,所以对通宵写作和思考问题的人颇有作用"。英国神学家兼评论家斯密(Sydney Smith)说:"感谢上帝赐我以茶,世界苟无茶则将奈何?将如何存在?吾自不幸生于有茶时代以前。"英国文学家迪拉利(Isasac Disraeli)评论说:"茶颇类似真理的发展,始则被怀疑,流行寖广,则被抵拒。及传播渐广,则被诋毁。最后乃获胜利,使全国自宫廷以迄草庐皆得心畅神怡。此不过由于时间及自身德性之缓而不抗之力而已。"

当时文化艺术界以茶(Bohea)为题材写了很多的作品,如 1663 年,瓦利(Edmund Waller)向查理二世饮茶皇后卡特琳祝寿作第一首茶诗,其中有"月桂与秋色,美难与茶比……物阜称东土,携来感勇士。助我清明思,湛然去烦累"。1725 年,英国诗人爱德华·扬在《嘲讽》诗中描绘美人时说:"两瓣朱唇,熏风徐来。吹冷武夷,吹冷郎怀。"茶迷诗人拜伦(George Gondon Byron)祈武夷佳茗力助其婚恋成功,在一节诗中写说:"但愿登上武夷山,祈求茶神保婚恋。"剧本《击妻记》描写一咖啡馆开张时一个青年服务员在招揽顾客时高呼:"新鲜咖啡,先生!新鲜武夷茶,先生!"1773 年,苏格兰浪漫主义诗人弗格森(Robert Fergusson)在赞誉熙春与武夷名茶时写说:"爱神永其微笑兮,举天国之芳茶而命之。沸煎若风雨而不厉兮,乃表神美之懿微……女盖为神致尔虔崇兮,彼烟胜之甘液,唯工作熙春与武夷。"诗人萨尔丑斯(Francis Saltus)对乌龙茶的芳香韵味十分赞赏,在《瓶与坛》这首著名茶诗的最后几句说:"吾闻开宴声翻腾,吾歆乌龙之芳馨。异香发,燕山亭,象香之绝,犹匪其朋。"1785 年,在英国的一首题为《The Rolliad》的诗中亦以当时各种茶名为韵语写道:"茶叶色色,何舌能别?

武夷与贡熙,松罗与工夫,白毫与小种……"

德国人在品尝中国茶叶之余,还仿效中国诸多茶事。1754 年,普鲁士国王弗里德里希二世在波茨坦建造一座无忧宫(离宫),在这座绿树掩映的皇家花园中,特意修建一座供自己品茶,或招待王公贵胄,或举行茶会的中国茶馆。这座建筑风格十分别致,远看颇似中国传统的重檐圆亭。在十几根承托着两层圆形屋顶的鎏金石雕圆柱旁,几乎都站立一尊中国明式服装的绅士、淑女雕像。在茶馆大门前的圆柱旁,雕塑着三组人物,圆柱被雕成棕树状,树下雕塑正在品茶的中国人,有的手端茶杯,双目微闭,似乎在品尝着茶水的芳馨;有的瞪眼鼓腮,指手划脚,好像在争论茶味的优劣。馆内有一组组的桌椅和陈放茶具的框架,中间排放着一些半人高的中国青花瓷和五彩瓷盖罐,大约用于存放茶叶。

武夷茶在此期间,名扬海外,因而被誉之为"东方美人"。1762 年,瑞典植物学家林奈在再版的《植物种类》一书中,还以武夷变种(Var Bohea)作为中国茶树的代表。由上可见,当时乌龙茶(或称武夷茶)在欧洲,确是盛况空前。

(五)美洲国家开始饮茶

西欧人在饮用中国武夷茶的同时,也把饮茶习惯传播到美洲。早期只在荷兰人和英国人的富有侨民与上层社会交往中饮用,到 1680 年,饮茶风气陆续传到各地。当时北美人民饮用的茶叶,主要由英国东印度公司的商船自中国运到英国,再转运到北美。1687 年,从万丹运 2.14 吨茶叶直接到美洲。1690 年,中国茶获得在美国波士顿出售的特许执照。至 18 世纪中叶,饮茶习惯遍及北美殖民地社会各阶层。1760 年左右,波士顿富商托马斯·汉考克(Thomas Haueock)在其商店出售武夷茶的广告里说:"如果武夷茶不合女士们的口味,可以退货并退回钞票。"1773 年 12 月 16 日,美国市民愤于英国政府颁布的《茶叶法》,登上开进波士顿港的三艘英国货轮,将船上 342 箱茶叶投入海中,这就是著名的"波士顿倾茶事件",从而燃起了美国独立运动的火炬。1783 年 9 月 3 日,美国人民终于迫使英国政府承认美利坚合众国。独立后,美国商人的商船即直接到中国采购茶叶。1784 年 8 月 28 日,美国首航中国的商船"中国皇后号"抵达广州,这是一艘 360 吨木制帆船。翌年 5 月 11 日,这艘商船从中国广州运载茶叶等回到纽约,获纯利 3 万多美元。从此美国商人纷纷投入从事茶叶的贸易,往来于中国的船舶络绎不绝。1874—1875 年,美国从厦门输入的乌龙茶竟达 3471 吨。

1860 年,我国输英茶叶占输出总量 90％以上。1858—1864 年间,乌龙茶每年由厦门口岸输出的数量 1816 ～ 3178 吨,1877 年达 5425.68 吨的最高记录。因此可以说,19 世纪是乌龙茶、武夷茶风靡欧美的时期。由于需求量的急剧增加,生产一时无法跟上,商人为满足需求和获取更多的利润,竟以次充好,掺杂掺假,导致品质下降而遭到洋行的抵制。与此同时,英国在印度和斯里兰卡属地种植由中国引种的茶种获得成功,英国遂大力宣传饮用印、斯红茶,攻击中国茶不卫生,营养价值低等等,力排中国茶叶。1895 年,我国输英茶叶只占总出口量的 10％了。美国于 1883 年通过《茶叶法》,1897 年颁布《掺杂与不卫生茶禁止条例》,华茶入口几乎全部被拒绝。1899 年,厦门口岸输美乌龙茶只有 14.39 吨。19 世纪末,流行欧美达 300 年的乌龙茶、武夷茶就几乎销声匿迹了。

二、侨销茶时期

(一)乌龙茶开始进入东南亚

东南亚(或称南洋)地区,1000 年前就与我国有往来和贸易。二三百年前,这些地区先后沦为荷兰、西班牙、法国、英国等的殖民地。在这期间,列强在华掠夺华工,闽南地区很多人漂洋过海到古巴、檀香山、秘鲁以及南洋一带谋生。1875—1880 年,从厦门口岸出洋的人数有 149167 人,其中到东南亚一带的有 123444 人,安溪人为数不少,他们把家乡的茶叶随身携带到这些地区,或自饮用,或馈赠亲友。东南亚地区,气候炎热,茶叶有生津、止渴、清凉、提神等的作用,颇适宜这些地区人民作为解暑的饮料。有些人认为有利可图,遂做起乌龙茶买卖的生意。初期由杂货店向厦门专业茶叶店购进小包装茶,或请厦门茶店代其商号进行加工和包装,因而厦门茶店如雨后春笋般地涌立。1923 年,厦门茶商公会成立时,会员达 40 多家,生意十分兴隆。如杨文圃、林奇苑、王尧阳、芳茂、锦祥、黄泉圃以及泉州的张泉苑和惠安的施集泉等茶店的产品在海外是最受欢迎的,不但海外商人前来进货,侨胞于出国时随身携带的数量亦相当可观。由于市场发展的需求,购销双方为进一步的发展,遂出现代理经销的形式。如厦门林金泰茶行的茶叶,于清末即由新加坡荣泰行代理。张源美茶行、傅泉馨茶行、王福美茶行的茶叶,分别由缅甸仰光的集发号杂货店、许胜兴商店和瑞源斋药店代理。由于需求量不断地增加,专业的茶叶店也就应运而生了。

乌龙茶被挤出欧美市场后,海外饮用乌龙茶的只有东南亚这些国家中的一些华侨和部分当地人民。到 20 世纪 50 年代,乌龙茶遂被称为"侨销茶"。早已是名副其实的侨销茶,为何至 20 世纪 50 年代始出现这一名称? 新中国成立后,我国对外贸易分为对社会主义国家和资本主义国家两种不同的政策,东南亚这些国家属于对"资"贸易的范畴,但是这些国家中经营和饮用乌龙茶者大部分是华侨和华人。为适当照顾华侨和华人的利益,在策略上与对"资"贸易略有区分。因此,乌龙茶被列为侨销商品,"侨销茶"由此而成名了。正是侨销茶这一原因,乌龙茶在这些地区牢牢地扎下了根。当殖民主义者大肆攻击、诽谤、排挤中国茶叶时,乌龙茶在这些地区的销售量不仅没有受到影响,而且有逐渐上升的趋势。19 世纪末是乌龙茶输出跌入低谷的时期,1898 年,厦门口岸乌龙茶的输出量仅 564.3 吨,1928 年和 1936 年分别为 702.36 吨和 623.6 吨。

(二)东南亚地区的茶业概况

新加坡是马来群岛的一个转口贸易中心。1959 年,新加坡成立自治邦,1963 年加入马来西亚联合邦,成为大马的自治州。1965 年,新加坡脱离大马成为一个独立的国家。新、马地区自早以来就是乌龙茶主要销区之一,20 世纪初,安溪人高铭发、高芳圃、张馨美等在新加坡开设茶庄。1928 年,新加坡茶商公会成立时,会员有 22 家,即林和泰、茂苑、白三春、林金泰、锦祥栈、宜香、林谦泰、杨瑞香、高芳圃、张馨美、源崇美、金龙泰、高铭发、高盛泰、东兴栈、黄春生、李光华、陈英记、天香、林合泰、奇香和广裕等茶庄、茶行。其时,林金泰茶行的业务最发达。1924 年,由于代理商荣泰行发生股东拆股事,林金泰茶行遂在吉隆坡开设分行,翌年在新加坡设总行。"金泰茶"在新、马地区历史悠久,产品风靡全新、马,广东人开设的茶楼、酒家,竟以"金泰茶"作为福建乌龙茶的代名词。有这样的趣事,有一次,林金泰茶行的老板与朋友到广东菜馆吃饭,招待员问他们"要六堡茶还是要金泰茶",林老板自然要金泰茶。当茶叶泡好送来时,林老板一喝,口味不对,他问招待员"这不是金泰茶吧"!招待员理直气壮地与林老板争辩:"这确实是金泰茶。"林老板也理解招待员所称的"是"。"是"系指福建乌龙茶之意。可见金泰茶给人印象之深和声誉之高。太平洋战争爆发后,中南隔绝,乌龙茶货源中断,新、马地区遂以地产茶供应市场,印尼红茶也大量进入新、马地区。二战后,虽然恢复供应乌龙茶,但红茶仍占有20%的市场。到1952年,新加坡茶店骤增至30家。

马来西亚的茶业,可以说是由新加坡延伸发展起来的。英国统治马来亚期间,新加坡是马来亚政治、军事和经济的中心。新加坡进口的茶叶,除转口印尼外,大部分经过加工和包成小包装茶,然后运往印尼和岛内各地出售。为便于供应,有些人(店)即在岛内一些比较大的城市先后开设一些茶店。到20世纪40年代,马来西亚各地开办的茶店有二三十家,其中吉隆坡占三分之二。高泉发茶行是吉隆坡创办比较早的茶店,业务也比较发达,其"四季香"名茶遍销于全马。20世纪50年代初创办的华峰茶行,其"独树香"似有后来居上之势,竞争相当剧烈。

1960年,新、马地区的一些茶行联合组织"岩溪茶行有限公司",负责向厦门茶叶进出口公司统购散装乌龙茶,参加成员:新加坡有源崇美、林金泰、裕香、魏新记、颜长金、福美、高建发、南苑、黄春生、王三阳、白新春、天香等,吉隆坡有高泉发、华峰、王明记、福泉美、锦芳、经健、广汇丰、广昌泰、联隆泰、叶庚记、林金泰等,巴生有益成、杨瑞香,马六甲有高铭发,亚罗士打有根华,怡保有香泰、滕泰,槟榔屿有龙泉、泉荣、陈烈盛等。1965年,新加坡宣布独立后,岩溪茶行有限公司分为"新"与"马"两公司。"新"公司及直接向厦门茶叶进出口公司进货的成员有源崇美、南苑、高建发、魏新记、裕香、王三阳,"马"公司及直接向厦门茶叶进出口公司进货的成员有高泉发、华峰、高芳发、新明记、联隆泰、陈烈盛、龙泉。没有向厦门公司进货的成员由"新"、"马"公司供应。新加坡小包装茶经销客户有金星、诚中、振源兴泰记、盈达、星马泰、源茂等公司。马来西亚小包装茶经销客户有敦煌、福南、雷源和、广汇丰、益成、联隆泰等公司、茶行。新、马地区经营茶叶的商人,大部分是安溪县移民。为争夺市场,各茶店设专车及专职人员负责送货到各地杂货店和卖茶摊,货款待茶叶出售后收取。故推销员众多成网,因而也流传着这样的趣事:当听到狗吠声时,如果有人问何处的人来了,答者必言"不是乞丐就是卖茶的"。可见经营茶叶的商人是如何忍辱和辛苦。1949 年,新、马地区乌龙茶的销售量约 100 吨。新加坡因印尼于 1952 年禁止华茶入口失去转口业务和市场,马来西亚茶商也因茶叶进口税率的一再提高而加重成本。由于厦门茶叶进出口公司对茶叶出口采取了许多有力的措施,仍使乌龙茶的销售量得到较大的发展。1980 年,新、马地区乌龙茶的销量达 828 吨,为 1949 年的 8.28 倍。

泰国乌龙茶拓展的过程与新、马类似。泰国为保护本国的茶叶生产,进口茶叶很早就实行课税,进口税率不但不断提高,而且要按进口量搭销 60% 的地产茶。1949 年新中国成立后,虽然泰国禁止大陆茶入口,但乌龙茶因备受泰国人民的欢迎,仍然源源由各种渠道输入。中泰建交后,禁令随之解除。泰国华人多广东移民,但经营乌龙茶的商人则以安溪人居多。从清代至民国直至现在,在泰国开设茶店的有仕源、福记、南星、清芳、恒泰、泉胜、阳春、阳春栈、义和发、韦宝记、王有记、陈时盛、柯成兴、林铭记、郭建峰、集友、王阳春、王瑞珍、王芳春、王炳记、恒春、王谦记、林明记、王裕泰、王德昌、王泉兴、王鼎记、王长发、王利春、美盛和记、廖和春、中泰、龙凤、泰通等茶庄、茶行。泰通贸易有限公司和中泰茶叶有限公司与龙凤茶行为厦门茶叶进出口公司散装茶和小包装茶的经销户，年进口乌龙茶200吨左右。

缅甸20世纪初销售的茶叶，以厦门林奇苑、三益、傅泉馨、王福美等茶庄的小包装茶居多。1910年，安溪人林腾辉在仰光开设林辉记茶行兼营各种杂货。1921年，张源美茶行在仰光开始经营茶叶以后，由于经营有方，到20世纪30年代中，其他茶庄的小包装茶遂先后销声匿迹，张源美茶行从而独揽了缅甸的茶叶市场。缅人认张源美茶行的"白毛猴"商标购茶。20世纪50年代初，缅甸总理吴努访问中国时，周总理设茶招待，吴努总理在周总理面前盛赞张源美茶行的白毛猴商标茶叶。1948年，一些华侨合资创办福建茶行，后因缅甸政府外汇拮据，于1953年禁止茶叶入口，缅甸的乌龙茶市场从此便消失了。

印度尼西亚早在宋代即与中国有贸易关系。1619年沦为荷兰人的殖民地。欧洲人最初得到的武夷茶，就是荷兰人由印尼转运前去的。可以说，武夷茶、乌龙茶早就盛行于印尼市场。1728年，荷兰东印度公司从中国引入大批茶籽在爪哇种植，终于获得成功。继而在加里曼丹、苏门答腊等地大力发展茶叶生产，并宣传饮用地产茶，因此，印尼华人经营的乌龙茶受到了很大的冲击。到20世纪初，华人在雅加达、泗水、井里汶、巨港、棉兰等地经营乌龙茶的茶店有珍春、林文记、王梅记、德盛栈、长征、万征、老芳饮等茶庄、茶行。印尼销售的乌龙茶，大部分由新加坡转口，新加坡茶店的小包装茶在印尼也占有很大的销量。太平洋战争爆发后，大部分茶庄、茶行改营地产茶或其他业务。战后，乌龙茶在印尼市场已奄奄一息。1952年，印尼禁止茶叶入口，印尼乌龙茶市场就这样断送了。

菲律宾华侨大部分是泉州一带的移民,并习惯饮用家乡施集泉、张泉苑两家茶店的茶叶。祖籍地惠安的施集泉茶庄创办于 1781 年,以经营武夷岩茶为主,其名牌"铁罗汉"茶,名闻遐迩。其原料茶为陈旧的武夷岩茶,每斤售价银元 48 元。泉州张泉苑茶庄创立于 1813 年,以经营武夷岩茶和闽北茶为主,其锡罐装和纸包装"水仙种"名茶,每斤分别售价银元 19.20 元和 12 元。这两家茶店的茶叶,大部分卖给菲律宾的华侨。1946 年,施集泉茶庄为便利华侨购买,在厦门设立分行,并于 1949 年和 1953 年先后与菲律宾神农药房和福联盛商场订立全权代理和经销。因施集泉茶庄以低劣茶叶冒充"铁罗汉"名茶,遭到对方的指责,协议终于废除。厦门芳茂茶行于战前即在马尼拉设立分行。二次大战后,方诗仑茶行亦在马尼拉开设分行。这两家茶行主要经营乌龙茶兼营小量的石亭绿茶,消费对象大部分是华人。菲律宾政府对茶叶进口虽然严格限制,但尚可满足供应。随着新兴饮料的流行,乌龙茶的销售量日见减少,专业茶叶店也就难于生存了。

越南(旧称安南)和柬埔寨、老挝,独立前是法国殖民地。1741 年,安溪人王冬就在这些地方开设冬记茶行,在西贡、提群、婆寮、波草、群退、沙绿、米秋(初)、新美、金边等 12 个省设店,其大红铁观音驰名于印度支那半岛。以后在这些地方经营茶叶生意的有锦芳、国记、泰山、谦记、林金圃、高源苑和蚁兴记等茶庄、茶行。越南与中国广西、云南毗邻,茶叶生产发展比较早。到 20 世纪 30 年代,产量已相当可观。为保护地产茶,越南对进口茶叶的课税是东南亚地区最高的。1937 年,每件(18 公斤)课税 16 盾,折算 24 银元。太平洋战争爆发后,乌龙茶货源中断,茶店有的停业,有的改营地产茶。战争结束后,越南等地乌龙茶的销量已寥寥无几。

香港自 1842 年成为英国管辖地后,中国对香港的进出口货物即列入对外贸易之中。由于其地理位置特殊,与东南亚各地的关系密切相连,因此对港输出的乌龙茶被视同侨销茶。香港不但是茶叶的消费城市,还是茶叶的转运港口。抗战胜利后,香港专营散装乌龙茶批发业务的有张源美和尧阳两茶行,还为大陆、台湾的茶商代售乌龙茶、包种茶、红茶和绿茶以及代办转口业务。香港市区经营茶叶批发和零售的茶庄、茶行有 200 多家,大部分出售普洱茶和乌龙茶。香港是自由港,世界各地商人、游客云集,所以各茶类和名、特、优产品在香港皆十分畅销。茶店供应茶楼、酒家的茶叶,大部分是大包装散茶。茶楼、酒家是香港茶叶消费最大的场所。各种规格精美的纸包装、铁罐装等茶叶,大部分供应游客和世界各地客商。现在香港经销厦门茶叶进出口公司散装茶的客户有林品珍、东荣、华益、信诚、信行、万源,经销小包装茶的客户独泉昌行一家,经营转口业务的商户有双益、佳和、茗芳、丹华、瑞博。1949 年,香港销售和转口的乌龙茶约 100 吨。1980 年,厦门输往香港(包括转口)的乌龙茶为 1130 吨,为 1949 年的 11.3 倍。

乌龙茶始由少量地携带到批量地进入东南亚地区,是先辈们经过千辛万苦勤奋经营的辉煌业绩。二次大战后,销区的缩减和新兴饮料的崛起,乌龙茶出路面临莫大的困难。经厦门茶叶进出口公司的刻苦经营,乌龙茶的销售量又有了较大的进展。1980 年,厦门口岸输往新、马、港、澳的乌龙茶达 1958 吨,占当年出口量的 73.52%,为 1949 年 216 吨的 9 倍。1990 年,也就是茶叶放开经营的第 6 年,全国乌龙茶出口 1.1 万多吨,东南亚地区约占 20%。上述两个百分比的数字表明,乌龙茶被称为"侨销茶"的时代已经过去了,乌龙茶的销区正在迅速地扩大。

目前,乌龙茶在东南亚地区的形势虽然不错,但前途不容乐观。

首先,面临地产茶的挑战。泰国清迈、清莱仿制的乌龙茶,印尼的粗茶和越南的青毛茶大量地进入新马和香港市场,取代了中国低档的乌龙茶和粗茶。所以应努力提高乌龙茶的质量,以增强其竞争能力。

其次,新、马地区早期盛行的茶楼和"茶桌仔"在被出售咖啡、红茶和面食的"茶餐室"取代以后,"肉骨茶"继起流行,乌龙茶才能得到持续的发展。瞻前顾后,乌龙茶传统的泡饮方法已不适应现代社会潮流和快节奏的生活步伐。因此,没有创新的产品,乌龙茶在东南亚的市场要进一步发展是有困难的。

三、日本"乌龙茶热"时期或称液体茶饮料时期

(一)日本茶业开始时期

日本是一个生产绿茶的大国,其种茶、制茶工具、采制工艺和饮用方法都是从中国传播去的。公元805年,日本最澄大师来华学习佛教教义,在天台山国清寺拜道邃禅师为师。回国时,带回天台山、四明山的茶籽,种植于近江(滋贺县)。公元806年,海空(弘法)大师初到五台山金阁寺,后到青龙寺拜高僧惠果禅师为师。回国时,带去茶籽及制茶工具,如今制茶石臼仍保留在赤填仫隆寺,已将近1200年。1187年,日本高僧荣西禅师第二次到中国学习禅宗,遍历江南名寺古刹,最后到天台山万年寺拜虚庵(怀敞)禅师为师,于钻研禅学之余,学习种茶制茶。1191年,荣西禅师返回日本,除带去佛教经典外,并带去茶苗、茶籽,种植于日本脊振山和宇治一带。又传去"釜熬茶"(炒青)的制法,大力宣传饮茶功效,撰写了《吃茶养生记》上、下册,为日本历史上第一本茶书,被日本人民称为"日本陆羽"或"日本茶圣"。1259年,日本高僧南浦昭明到浙江径山寺研究佛典。回国后,把径山寺的点茶

法礼仪《径山茶宴》、《斗茶法》、《末茶点茶法》传给日本人民,引起日本茶道的兴起。

日本从中国引进的茶种,经培育繁殖后,推广到拇尾、宇治、伊势、骏河、川越等地。这些地区后来分别成为享誉日本国的宇治茶、伊势茶、静冈茶、狭山茶等名茶的产地。到 16—17 世纪,日本的茶业已相当发达。1610 年,荷兰商人到平户购茶,经万丹转运到欧洲,始创日本茶叶出口之先河。后因日本驱逐一切欧洲人,茶叶贸易就此衰退。1868 年明治维新后,日本大力发展茶叶对外贸易,是年外销茶叶 6130 吨。1870 年,日本输往美国 4923 吨,相当于当年中国输美茶叶量的 50%。日本为拓展美、加市场,采取诸多措施,如 1892 年,美国芝加哥博览会开幕,日本派人赴美,于博览会内开设饮茶摊位。在各大城市进行商业宣传,派研究生到美研究茶叶市场需求,在美、加设办事处和遍设茶况通信员等等。到 19 世纪后期,我乌龙茶在美国的市场,就是被日本茶挤垮的。

(二)日本开始饮用乌龙茶

日本现在已经是一个进口茶叶大国。20 世纪 80 年代,日本茶叶产量在 8 万~9 万吨之间。由于国内茶叶消费量的日益增加,产量无法满足国内市场的需求,所以还要大量进口茶叶,已成为世界上茶叶进口大国之一。于是中国乌龙茶于 20 世纪 70 年代得以进入日本市场。1970 年,中国乌龙茶出口到日本的数量只有 2 吨,纯属侨销商品。1978 年,日本进口乌龙茶 178 吨,大部分由厦门和香港输入。1979 年,日本第一次掀起"乌龙茶热",是年进口乌龙茶 280 吨。日本乌龙茶的消费量之所以进展得这么快,也是事出有因。1979 年 9 月,日本电视台播出一位女歌星接受记者采访的节目,记者问她"好久不见,你怎么变瘦了,长得更漂亮了"。她嫣然一笑说:"因为我常喝中国乌龙茶。"这一句话像一股飓风吹遍了日本国,引起社会上的极大反响。

其时,乌龙茶的饮用还是采用工夫茶的泡法。1980 年,正当乌龙茶走俏日本的时候,伊藤园的决策者们就在思考现代人们的生活节奏与乌龙茶繁琐的泡饮程序有着难于融合之处,于是决心改变乌龙茶的商品形态,遂开展对传统的泡饮方式进行革命。在厦门茶叶进出口公司的支持下,1981 年 2 月,易拉罐装乌龙茶水终于问世了。这种富有时代潮流的新商品,即时受到四面八方的欢迎,一时之间,自动售货机、车站商场、停车场、百货公司等地方皆出售罐装乌龙茶水,于是再度掀起"乌龙茶热"。这股"热潮"与 300 年前欧洲"武夷茶热"相比,有过之而无不及。现在出售罐装乌龙茶水的昼夜商店愈来愈多,消费者随时随地可以买到罐装、塑料瓶装的乌龙茶水。自动售货机大部分具有饮料加热的装置,可将罐装茶水加热后出售。罐装乌龙茶水已是融入日本人生活的一种饮料。很多家庭的冰箱内除了啤酒外,第一位饮料是牛奶,第二位就是乌龙茶水,成为居家必备、外出旅游离不开的时髦饮料。在酒吧间,乌龙茶水尤倍受欢迎。日本男人于下班后就三五成群地走进街头的"居酒屋"(小酒店)开怀痛饮,席间,陪酒小姐会来劝酒,其杯中是地地道道的威士忌酒,往往是客人未醉而陪酒小姐先醉,老板经济上也划不来。有了罐装乌龙茶水,陪酒女郎和老板皆大欢喜,因为乌龙茶水和威士忌酒一样颜色,喝多喝少都没有关系。

乌龙茶在日本的销售状况之所以能一浪高过一浪,这与日本科研部门对乌龙茶的研究并进行宣传不无关系。1977 年,日本慈惠医科大学中村治雄博士经过临床实验,发现经常饮用中国福建乌龙茶,能有效地降低肥胖病者的胆固醇和体重,因而引起人们极大的兴趣。于是开始把乌龙茶称为"减肥茶"、"美容茶"。日本茶叶研究中心阿南丰正博士对乌龙茶研究得出的结论是乌龙茶在防止动脉硬化和抑制正常细胞的突变中有明显的作用,因此受到日本人民的欢迎。此外,各大饮料厂商广泛的宣传也起了推波助澜的作用。在列车上、地铁站、咖啡屋、剧场休息室等地方,乌龙茶的广告比比皆是;电视台日以继夜地宣传,《啊!乌龙茶》是一个十分吸引人的节目。有一次,七国首脑会议在东京召开时,中国《新民晚报》一位记者在新闻中心喝了一罐乌龙茶水,顿感身心舒快,悟到《啊!乌龙茶》之所以备受人们欢迎的魅力。又如富士电视台十多年前设立的《茶叶通讯贩卖》节目,一群年轻富有活力的青年,向观众边跑边喊:"一、二、三、四、五(乌)龙茶!"这种具有节奏韵律的广告,给观众留下牢牢的印象。在每次广告播出以后,就有上千次电话寻购。此外,厂商还各施其术,开展竞争。1991年初,居日本第二大饮料厂家的朝日饮料公司推出高级罐装马龙茶水,竭尽全力宣传其茶水原料是高级茶,其他经营罐装乌龙茶水的厂家只得紧跟其后,促使乌龙茶水的质量得到提高。现在日本生产罐装乌龙茶水的厂家有 200 多家。1992 年,罐装乌龙茶水销售量达 31.2亿罐,人均 20 多罐。1993 年,日本乌龙茶进口量 1.91 万多吨,中国(大陆)占 15276 吨,为 1978 年 178 吨的 107 倍。罐装乌龙茶水在日本方兴未艾,有先见之明的伊藤园株式会社又开始向爱健康生活方式和天然饮料的美国市场进军。1988 年即在夏威夷进行试销,结果令人满意。现在听装、瓶装或洁净(无菌)包装的茶饮料在美国获得了消费者的青睐。这种"即时饮料"占美国茶叶总销费的 7%,尚在不断增长。在西欧,以法国的白兰地酒混合乌龙茶水,已成为喜庆宴会上的时髦饮料。

四、要大力发展液体茶饮料

台湾是乌龙茶产区之一,长期以来,习惯饮用工夫茶泡法。20世纪80年代中,台湾信喜实业公司老板陈清林开始思索,若能将台湾人冲泡热饮茶的习惯导入冷饮,其前途无可限量,于是大胆进行乌龙茶水的生产。开头几年的经营状况,曾使公司陷入了困境,几乎将本钱赔光。经过4年艰辛的经营,期待的理想终于来临。进入20世纪90年代,其罐装、盒装的乌龙茶水产品,每年以几倍的速度增长。1994年,销售额达台币50亿～60亿元(约合2亿美元),并出口到日本、韩国、美国、东南亚和中国大陆。在开喜乌龙茶水的开路下,各种牌号的乌龙茶水尾随其后,饮料厂家说:时下茶饮料流行,不生产茶饮料,通常被认为是落后,而不愿向你订货。现在岛内生产茶饮料的厂家有40多家,可口可乐公司和雀巢公司也准备在台湾生产适合东方人口味的茶饮料。茶饮料主要产品是乌龙茶,在餐饮业尤为流行,普遍取代了汽水和果汁,而以"开喜乌龙茶水"最为畅销。乌龙茶水加干邑白兰地酒在台湾也成为流行的饮法。由于台湾所有饮料商皆生产乌龙茶饮料,竞争格外剧烈,各厂商各出奇招,以吸引消费者的青睐。1993年,罐装乌龙茶水的销售额达5亿美元,共卖出8.2亿箱,超过了可口可乐,登上宝岛液体饮料的宝座,被称为"疯狂的茶年"。

随着液体乌龙茶的问世,中国乌龙茶的销售量大幅度地增长。1955年,全国乌龙茶出口660.641吨,占全国茶叶出口量31085.38吨的2.12%;1979年,全国乌龙茶出口2538.17吨,占全国茶叶出口量106829.65吨的2.38%。24年中,乌龙茶出口增加2.84倍,全国茶叶出口增加2.44倍,几乎同步增加。1993年,全国乌龙茶出口

17121.06 吨,占全国茶叶出口量 182858.06 吨的 9.36%,与 1979 年相比,14 年中,乌龙茶出口增加 5.75 倍,全国茶叶出口仅增加 0.71 倍。可见开拓液体茶饮料,乃是促进茶叶消费增长的最有效方法。

液体乌龙茶的问世,是茶叶商品从形态方面的再一次革新。它不但具有一般软饮料的优点,其解渴效果和特殊的保健功能也是任何软饮料难与媲美的,这是茶饮料日益受到广大消费者青睐并成为全球性王牌饮料的根本原因。反观以茶为骄傲的大国——中国,至今仍然是洋饮料和其他饮料铺天盖地。开喜乌龙茶、阿萨姆奶茶、泡沫红茶、泡沫绿茶还进到了乌龙茶主要的输出口岸——厦门。近年来,虽然有识之士携手开发罐装乌龙茶水,并少量出口到新加坡和香港进行试销,但对国内市场尚缺乏信心,至今未见踪影。事关茶业前途,有关部门务须解放思想,转变观念,集中力量,鼓足勇气,敢于向旧习惯和洋饮料以及其他饮料宣战,让有益于健康的茶饮料能够早日于神州大地占得一席之地。

从统购统销到自由经营

　　茶叶自早以来就是中国大宗的传统出口商品及换取外汇的重要物资,所以在共和国成立的当月下旬,中央就在北京召开全国茶叶产销会议,11 月成立中国茶业公司,负责经营和管理全国茶叶的生产、收购、加工、出口、内销业务以及茶叶科研工作,由贸易部领导。1954 年,中国茶业公司已占领了茶叶收购和批发的阵地。是年茶叶产量 9.29 万吨,收购 7.78 万吨,占收购量的 98%,出口 2.48 万吨。1955 年,茶叶的供应原则为"扩大外销,有计划边销,适当安排内销"。随着业务的不断扩大和机构的增设,茶叶的生产、收购、加工和内销业务,先后由农业部、农产品采购部、供销合作总社和商业部负责经营和管理。茶叶公司亦经几度合并和易名,1956 年易名为中国茶叶出口公司,1961 年与中国土产出口公司合并成立中国茶叶土产进出口公司,茶叶从产到销的全部业务由公司统一经营和管理。为加大茶叶出口力度,茶叶的供应方针调整为"优先保证出口,适当安排边销,剩余安排内销"。因此,各城市内销茶先后开始凭证供应,开有史以来茶叶凭证供应的先河。1970 年,与中国畜产进出口公司合并成立中国土产畜产进出口公司,茶叶的国内购销业务移给商业部,并设茶叶处,分管出口业务。1985 年成立中国茶叶进出口子公司,负责经营茶叶、咖啡、可可及饮料产品的进出口业务。

1977 年,茶叶产量达 25.21 万吨,收购 22.81 万吨,都创历史水平。内销 11.35 万吨,出口 8.17 万吨。1978 年实行农业承包责任制以后,农民生产积极性大大提高,从而促进了茶叶与其他农副产品的飞跃发展。然而国内外茶叶销售量则无法与之同步增加。1982 年,全国茶叶产量达 39.72 万吨,收购 32.79 万吨,内销 13.58 万吨,出口 10.33 万吨,库存量急剧增加。1983 年 1 月,商业部、财政部联合向中央书记处、国务院写了《关于茶叶问题的报告》,其中对购销问题提出如下意见:"除少数民族特殊的边销茶和出口茶叶仍继续实行派购外,内销茶叶不再派购,实行多渠道流通和议购议销。"1983 年 3 月,国务院做出了关于茶叶归商业部管理(包括出口业务)决定。4 月间,"内参"第 177 期发表《茶叶出口归哪个部管最有利》一文,认为"从有利于进一步发展我国茶叶出口考虑,茶叶出口仍由外贸部领导更为有利"。茶叶界老前辈吴觉农先生把这篇文章送给国家经委,并附函建议"可否顾念此事关系重大,特请最高领导批转有关部门从长计议"。经委据此向国务院做了请示,提出"拟对茶叶和畜产品的归口决定,暂缓执行,仍按现分工不变"。5 月初,国务院同意"茶叶出口仍按现行分工不变,继续由经贸部管理"。由于当时茶叶的购销政策和流通体制与茶叶生产迅速发展的新形势已不相适应,商业部于 1984 年 4 月向国务院写了《关于调整茶叶购销政策和改革流通体制意见》的报告,主要内容为:"边销茶继续实行派购,内销茶和出口茶彻底放开,实行议购议销。按经济区划,组织多渠道流通和开放式市场,把经营搞活,扩大茶叶销售,促进茶叶生产继续发展。"1984 年 6 月,国务院下达第 75 号文件,批准商业部的上述报告,并于当年进行试点工作,总结经验,1985 年全面推开。

在茶叶放开自由经营出台的阶段,全国产量最大的绿茶有些积压,红茶出口亏本,乌龙茶供不应求。因此,各茶类在放开自由经营后出现的问题也不尽相同,现将乌龙茶出现的情况略述于下。

一、一哄而起经营乌龙茶

1984 年初,乌龙茶在城市仍采取凭证供应的办法,在国际市场上也是比较紧缺的商品。茶叶放开自由经营后,马龙茶产区除经营乌龙茶的部门外,一些原来非经营茶叶的国营、集体单位和个人,纷纷在产区(或到产区)进行茶叶收购、加工和运销各地的商业活动。1985 年上半年,仅安溪县国营和集体单位经营乌龙茶的就有 177 家,准予短期经营的行商就更多了。如此很多的经营单位,为了争得货源,往往采取提价收购,而后降低产品质量,并到处抛售的经营方式。有些单位和个人,为了追求暴利,甚至从省内外购进低次绿茶或假茶进行加工拼配,并假借名牌茶厂唛号,欺诈顾客。原非生产乌龙茶产区的江西、湖南、四川等省,也向乌龙茶产区招聘技术人员,大兴仿制乌龙茶之风。因茶树品种和采制技术等原因,市场上出现了非乌(龙茶)、非红(茶)又非绿(茶)的乌龙茶。

上述这些产制厂商,其经营目的在追求高额利润,根本不考虑乌龙茶的前途和信誉。原乌龙茶产区的一些茶厂,在很多单位争相要货的情况下,为了获得更大的经济效益,竟不顾几十年树立起来的名牌(唛号)茶信誉,明显地降低产品的质量。而原经营乌龙茶出口的单位,由于无法收到足够的货源,在实现国家出口计划和做好出口供应工作的商业活动中,也出现了举步维艰的局面。

二、真假乌龙茶的混战

茶叶放开自由经营后，各个口岸有进出口经营权的企业，看到乌龙茶在国际市场十分走俏，便纷纷争相经营乌龙茶出口。由于大部分企业缺乏经营乌龙茶的常识，只凭货号进行交易，其产品质量可想而知。

与此同时，日本再度兴起"乌龙茶热"，客户求货心切，重量先于重质，纷纷从汕头、深圳或其他口岸争相购买乌龙茶。在供求两殷的状况下，不言而喻，品质下降、掺杂使假和欺诈行骗等种种行为就不断地发生了。如日本振兴物产株式会社从深圳"××企业"购买一批福建乌龙茶 Y302（闽北二级水仙），货到后，发现配给的茶叶似 Y306（付脚茶），损失几百万元。从××茶庄订购 S201、S202（漳州茶厂产品唛号）280 吨，产地却是仙游。福建外贸总公司驻日本东京事务所在给厦门茶叶进出口公司的信中说：从去冬（1984 年）以来，江西、湖南、四川的乌龙茶陆续到货，品质比台湾茶差，有的货与绿茶相似。××公司购买湖南 H006 和江西 K1 号的茶叶，由于品质差，难于脱手。最近该公司又从××代表处得到江西乌龙茶 KA02、高华 2 号，经检验，外形条细，有嫩芽、芽尖、嫩果、鱼黄片，香气具绿茶清味，色淡黄，叶底黄绿，近似于烘青毛茶。这两个茶样请××会社（乌龙茶专营商）审评，评语："与玉绿茶相似，有伤害叶张。杀青技术不好，但有乌龙茶的香味。"日本经销商对出现的这些混乱状况，意见纷纷，要求我方改进供应工作。

香港经销商反映：福建乌龙茶出口突破原来传统口岸后，分别从福州、泉州、汕头、深圳、广州等口岸外流。由于这些口岸缺乏统一检验标准,市场上出现了绿茶改乌龙茶的冒牌货,以内销茶冒充外销的赝品,冒牌模仿,影射正宗乌龙茶商标、唛号的现象屡见不鲜,严重损害了福建乌龙茶的声誉,造成市场混乱,给乌龙茶消费者的心理蒙上阴影。正当大陆乌龙茶混战之际,台湾茶商组织"台湾乌龙茶击败大陆茶"的大型推销活动,与大陆茶展开竞争。

三、国内外反响

福建外贸总公司驻东京事务所函述:据日本海关统计推算,1984年进口台湾乌龙茶 1400 吨,1985 年头 5 个月已经达 1400 吨,而 1985 年头 5 个月福建省乌龙茶仅达 1200 吨。台湾乌龙茶味淡质次,却能占据了大部分市场,根本原因乃是大陆茶货源供应不正常,所签合同不能及时执行,有的货号茶长达几个月无货供应,引起客户、用户意见纷纷。由于大陆茶供应不足,造成市场抢购,台湾茶乘虚抛销,把制绿茶的改制乌龙茶。经销商迫切要求多供应中下档乌龙茶,决不能让台湾茶及假乌龙茶占据大部分市场。

香港经销商反映,香港乌龙茶市场虽然看好,但面临水货冲击。公司交货不及时,货色不全,品质下降,要求采取措施,集中货源,保证供应,不然乌龙茶市场有被冲垮的危险。

1985 年中纪委第 81 期《信访简报》载:"港胞×××来信称,安溪乌龙茶历来声誉很好,海内外有口皆碑。但近年来,由于不法商人勾结地方党政领导,遍设'茶叶公司',掺杂掺假,茶叶质量大大下降,致使乌龙茶的声誉受到严重损害,遭到海内外群众的同声谴责。"《信访简报》在报道出现这些情况后指出:"受损的是乌龙茶的信誉和中国共产党的声誉。"当时胡耀邦总书记看了《简报》后批示:"这种事你们要坚决抓住,加以解决。"

《国际商报》总 18 期"内参"在《乌龙茶的出口亟待加强》一文中说:"大量的假劣乌龙茶涌向日本市场,造成一片混乱,严重影响到我国乌龙茶在日本市场的销售。日本茶界有些人正向日本政府提出限制中国乌龙茶进口,但因法律上无依据不能成立,他们又转向寻找农药残留量等问题。因此一些乌龙茶经销商已提请我方重视。建议对乌龙茶出口应加强协调管理,统筹安排出口,保证质量,以质取胜,坚决杜绝冒牌乌龙茶和低劣茶叶的出口。"

1985 年 9 月,民建厦门市委会和厦门工商业联合会(现总商会)联合写了《关于乌龙茶出口情况和问题的调查》上报有关部门,叙述当前乌龙茶出口存在的一些问题,提出要"研究新情况,解决新问题,搞好开放中的管理工作"。建议有关部门应抓好统一协调,加强对乌经茶出口的领导和管理,在调研市场信息的基础上,合理安排和组织货源,并管好出口的价格。要促进产销的紧密结合,逐步实行农、工、贸结合,把产销双方的经济利益捆在一起,对冒牌欺骗的经营单位应予严加取缔。有关部门要加强乌龙茶出口的审检工作,严格把紧质量关,产品质量应保持 1984 年的品质水平。

1985 年 9 月 20 日,经贸部根据国内外客户和各方面的意见,把乌龙茶列为三类物资一类管理,出口实行许可证管理,规定由承担乌龙茶出口收汇的四个口岸经营出口。此为新中国成立后茶叶出口首次实行的许可证管理制度。1986 年 6 月,其他茶类出口也实行许可证管理,而乌龙茶和绿茶中的眉茶与珠茶实行配额加许可证管理制度,由经贸部发证。此后,中土畜总公司在港澳成立特种茶协调小组,加强对港澳市场的管理。

在日本,中茶进出口公司及福建省分公司与日本经销商签订关于福建省散装乌龙茶对日出口协议,内容为福建乌龙茶不向日本 7 家经销商以外的任何商社出售,日本 7 家经销商不向中茶进出口公司和福建省分公司以外的任何公司或部门购买。然而利之所在,低劣乌龙茶和"水货"仍然不断地涌向日本和港澳市场。1991 年 9 月,为贯彻"理特"方针,决定对日本和港澳市场实行统一成交,统一管理。港澳市场由德信行总代理,客户通过德信行向口岸购货;日本市场由总公司驻日本代表事务所统一签订出口合同和统一对日本市场的管理。这对巩固和扩大市场以及提高出口效益起到一定的作用,但出口秩序混乱和"水货"的冲击仍然无法予以完全制止。

中国乌龙茶声誉的维护

1984 年,茶叶购销体制进行改革,除边销茶外,实行议购议销,市场彻底放开。这一政策对促进茶叶生产,搞活茶叶流通,扩大茶叶销售,无疑起着积极的作用。以福建为主要产区的乌龙茶,实行开放以后,购销更是活跃,经济效益有了显著增加。但是也出现了一些新问题,其中以出口产品的品质下降问题最为突出,各方面反映强烈。

由于乌龙茶近来在国际市场备受欢迎,开放伊始,几个特区数以十计的进出口商,几个省的茶叶进出口公司以及若干茶叶加工部门,超越原来传统经营范围,向四面八方搜集低次茶叶,粗制滥造,降低名牌产品的质量,追求眼前的经济效益。这样多头出口,盲目经营,使乌龙茶的品质每况愈下。产品抵达国外,客商意见纷纷,严重损害了福建乌龙茶的声誉。1985 年,中纪委第 81 期《信访简报》为乌龙茶掺杂掺假问题做了这样的报道:"受损的是乌龙茶的信誉和中国共产党的声誉。"1985 年 9 月,乌龙茶出口实行许可证制度,并由专业公司经营,市场混乱局面有了很大改观,但"水货"冲斥市场的现象仍然难于堵绝,低劣的乌龙茶依然到处可见。创名牌不易,保名牌更难,乌龙茶在其漫长的历史中,是有过这种惨痛教训的。

厦门口岸曾经被称为是茶叶的海上丝绸之路。1877 年,厦门茶出口达 5426 吨的最高纪录。但到 19 世纪末,乌龙茶却下降到几乎停顿的地步。其衰落的原因,可从英人包罗写的《厦门》一书中得到肯定的回答:原因在于销路扩大了,生产一时跟不上,商人为了满足需求和获取更多的利润,竟以次充好,以假乱真。因为品质低劣,无法与台湾等地的产品竞争,国际市场终于被其他国家所占领。从此,厦门的茶叶贸易进入了萧条的时期。到厦门解放的 1949 年,厦门口岸乌龙茶出口仅有 200 多吨。

1955 年,福建省乌龙茶开始由国营企业经营。为了发挥和利用各个口岸的优势,按照传统的习惯,保持原来产、供、销的渠道,厦门口岸仍然负责全省乌龙茶的出口业务,使得乌龙茶的生产和出口有了较大的发展。新中国成立初期,福建省乌龙茶的产量 1000 余吨,现在 4 万多吨。1955 年,乌龙茶出口 450 吨,现在 1.5 万多吨。销售地区扩展到五大洲,特别是日本市场的开拓,大大地促进了福建省乌龙茶生产和出口的发展。从长远的眼光看,乌龙茶在日本市场能否巩固和持续发展,是整个乌龙茶出口能否继续发展的关键。所以乌龙茶在日本市场已获得的信誉,千万要珍惜、爱护,不可掉以轻心。

乌龙茶的生产和出口,在新中国成立后 40 多年中能有这样大的发展,实在得来不易。除了统一出口和组织经销这些因素外,坚持质量第一,以优取胜的宗旨,乃是福建乌龙茶巩固市场、发展生产、开拓新市场的最主要支柱。1954 年底,厦门口岸成立中茶办事处初期,乌龙茶对外成交的每一批茶叶,都是凭样成交的。经口岸改进后,对不同地区、不同品种、不同等级的乌龙茶,分别创立不同的唛号,在产区的共同配合下以及商检部门的监督下,质量长期保持稳定,被国外客商认为是可以信得过的产品,乌龙茶因此不看样品只凭唛号就可以在国际市场进行成交。可见保证产品质量的信誉是何等的重要。

100 多年来,乌龙茶出口从高潮到低潮,又从低潮到高潮,原因虽多,但其核心是质量问题。产品的质量、声誉和销量显然是成正比例的。可以说,倘若没有质量第一这个条件,其他一切努力都是徒劳的。因此,人们把产品的质量比喻为企业的生命或企业的支柱,实在是一种真知灼见。

如何维护乌龙茶品质的声誉,乃是当务之急,现提出如下意见:

(1)严加出口茶品质的管理。规定各地区出口的乌龙茶产品,质量不得低于1984年的品质水平。否则,不许出厂和出口。

(2)统一各口岸出口乌龙茶的样品和价格,由商检、海关监督执行。同时制定出口乌龙茶最低品质样品,以制止冒牌、赝品茶叶出口。

(3)对经营质次价低的冒牌、赝品的单位,取消其出口经营权。

(4)多头出口是造成乌龙茶掺杂使假和品质下降的最主要原因,有关部门应顾全大局,本着望治求强的精神,认真慎重地处理好多头出口和许可证颁发等问题。

福建乌龙茶 60 年产销历程

　　有"八闽门户"之称的厦门,是茶叶最早的输出口岸,被称为茶叶的海上丝绸之路起点。而乌龙茶长期由厦门口岸出口且大部分为闽南人经营和饮用,因此,拟以厦门口岸的经营为主结合全省的产销情况,对福建乌龙茶 60 年产销历程进行论述。

一、旧中国厦门乌龙茶外销的兴衰

　　厦门这个小岛,面积只有 130 多平方公里,岛上虽然没有种植茶叶,但有一个天然的良港,因此,英人很看重这个茶叶出口小岛,依照《南京条约》被辟为五口通商口岸之一。19 世纪中期,是乌龙茶出口的鼎盛时期。1877 年,厦门口岸出口的乌龙茶达 5425.68 吨的历史最高纪录。由于销路扩大,供不应求,因而茶叶出现粗制滥造、以次充好、质量低下的现象,无法与台湾、日本的产品竞争,对欧美市场出口终于逐渐衰落。到 1900 年,乌龙茶出口仅 406 吨,大部分销往东南亚华侨聚居的国家和地区。

　　1923 年,厦门成立茶业同业公会,参加公会的有茶行、茶庄 40 多家。当时,乌龙茶虽然退出欧美市场,经营范围局限于东南亚地区,但仍然是厦门茶庄、茶行的利好时期,这从他们的规模可窥得一二。如林金泰茶庄,在安溪有厂,于新加坡、吉隆坡设分行,在鼓浪屿内厝澳建造了一幢大洋楼。该楼房地基周围与 1907 年林鹤寿所建的厦鼓最宏伟的八卦楼(原厦门博物馆)一样,规模之大,可想而知。厦门有一条马路叫"通奉第",是杨文圃茶庄的大舍杨砚农利用茶叶纳税,捐得"通奉大夫"官衔兴建府第于此处而得名的,其声誉之显,可以想见。其他茶庄、茶行绝大多数也自置产业,财力不乏。这些茶庄、茶行有些专营出口,有些内外兼营,有些专营内销。内销茶叶除销售本地市场外,大部分销往现在漳州市的漳浦、云霄、诏安、东山等县,可见当时厦门茶庄、茶行的业务盛况。1936 年,厦门乌龙茶出口 623 吨。1937 年抗日战争全面爆发,次年 5 月,厦岛沦陷,茶叶出口量大幅度下降。继而发生太平洋战争,交通断绝,茶庄、茶行大部分停业。抗战胜利后,茶行、茶庄又大部分恢复营业,但是东南亚一些殖民地国家先后独立,越南、柬埔寨、老挝、印尼、缅甸等或因国内已大量生产茶叶,或因外汇短缺,先后禁止茶叶进口,乌龙茶销区仅有新加坡、马来西亚、泰国、菲律宾等地区。1949 年,厦门口岸乌龙茶出口只有 216.2 吨。至此,名声已不太雅的"侨销茶",也欠名副其实了。

二、新中国成立后乌龙茶产销的恢复和发展

新中国成立后,大部分茶行、茶庄于 1956 年参加公私合营,并先后并入厦门茶叶进出口支公司。

乌龙茶产区有福建省的闽北与闽南地区、广东省的凤凰山区和台湾省。1950 年,福建省茶叶产量为 5450 吨,其中乌龙茶 673.5 吨。1954 年起,茶叶由国家统一经营,是年福建省茶叶产量 5690 吨,其中乌龙茶 1137.5 吨左右。当年,中国茶业公司福建省分公司在厦门设

立办事处，全省乌龙茶由"办事处"专营出口，是年出口量144吨。当时国家茶叶的供应原则为"扩大外销，有计划边销，适当安排内销"。1957年"办事处"改为"支公司"，先后把合营公司纳入支公司。1961年，全国茶叶的产、供、销由外贸部统一经管。1962年4月，厦门市供销社把内销的批发部、加工厂和零售店，全部转给厦门支公司。厦门支公司即成为内外兼营的企业。当时，国家茶叶政策举棋不定，强调以粮为纲，茶园没有很好管理，茶农收入低下。茶叶生产停滞不前，产茶大县安溪县竟沦落为贫困县。政府为加大出口力度，茶叶的供应方针调整为"优先保证出口，适当安排边销，剩余安排内销"。当年出口1200吨，几乎没有乌龙茶可以供应内销，全省内销的大部分的原料是红绿茶的茶朴和细茶等，经加工拼配后进行供应，正茶供应极少，厦门市区凭证供应。1984年，茶叶放开自由经营后，才取消凭证供应。

"文化大革命"初期，驰名中外的"大红袍"、"铁观音"名茶品名，被斥为"封、资、修"，强行更名为"大红岩"、"铁冠音"。散装原料茶为国外客商加工小包装茶的业务，增加外汇收入，被指"为资本家做工，替资本家赚钱"而勒令停止生产。因此，客户流失。1969年，厦门外贸7家进出口公司合并为外贸公司，厦门支公司也不存在了。1979年7月，厦门支公司又重新成立，"大红袍"、"铁观音"也恢复原来的品名。1984年，厦门支公司改为厦门茶叶进出口公司。2000年，改为厦门茶叶进出口有限公司至今。

乌龙茶在厦门支公司的苦心经营下采取各种有力措施，与台湾茶展开竞争，终于占领了大部分市场。1976年，公司首次出口乌龙茶3吨到日本，开福建乌龙茶出口日本的先河。公司即在日本选择经销客户，在双方的协作和努力下，促使了乌龙茶在日本市场的发展，乌龙茶以其独特的韵味赢得了日本消费者的喜爱。1978年，乌龙茶在日本销售量达 178 吨。1979 年日本第一次掀起了"乌龙茶热"。1980 年在公司的支持下,日本经销商伊藤园株式会社试制罐装乌龙茶水获得成功,为茶叶的饮用另辟蹊径。1984 年再次掀起"乌龙茶热",于是乌龙茶名声大振,上百家日本饮料商社参与生产罐装乌龙茶水,使得日本饮用乌龙茶的"热潮"迭起。因此,福建乌龙茶对日本的出口猛增。进入 20 世纪 90 年代,日本年进口乌龙茶达 2 万吨左右,一跃成为乌龙茶最大进口国。现在乌龙茶已遍销世界 40 多个国家和地区,销售量年年上升。1983 年出口达 3001.43 吨,为 1949 年 216.2 吨的 14 倍,为 1954 年成立"办事处"时 144 吨的 21 倍。

1984 年,茶叶放开自由经营,全国绿茶略有积压,红茶出口亏本,乌龙茶供不应求。因此,除原来所有国营茶叶公司外,一些原来非经营茶叶的国营、集体和个人,纷纷到乌龙茶产区收购、加工并运销各地,为了争得货源,争相提价收购,然后降低质量并到处抛售;有的为了暴利,甚至从各地收购低次粗绿茶和假茶,加工拼配后,以名牌乌龙茶厂的唛号欺骗顾客;原非生产乌龙茶的茶区则大肆仿制乌龙茶,因茶树品种的差异和采制技术等原因,市场上出现非乌、非红又非绿的"乌龙"茶。

与此同时,日本正巧大兴"乌龙茶热",客户求货心切,重量先于质量,乌龙茶出口品质下降、掺杂使假和欺诈行骗等种种行为就不断地发生了。日本经销商意见纷纷,要求我方改进供应工作。1985 年 9 月 20 日,经贸部根据各方的意见,把乌龙茶列为三类物资一类管理,出口实行许可证制度,由经贸部发证,规定由承担乌龙茶出口收汇的四个口岸经营出口。此为新中国成立后茶叶出口首次实行许可证管理制度。然而,利之所在,低劣乌龙茶和"水货",仍然不断地涌向市场。

1991 年 9 月,为贯彻"理特"方针,决定对日本和港澳市场实行统一成交,统一管理,港澳市场由德信行总代理,客户通过德信行向口岸购买;日本市场由总公司驻日本代表事务所统一签订出口合同和统一对日本市场的管理。至此,外销乌龙茶市场才略为稳定。2004年,国务院取消对茶叶(绿茶、乌龙茶)出口资格审批,乌龙茶企业被取消出口专营权,外资及民营企业和原来拥有出口专营权的国有企业站在同一起跑线上,乌龙茶出口不可避免地出现更加激烈的竞争。

三、改革开放后乌龙茶产销蓬勃发展

中共十一届三中全会后,农村实行联产承包责任制,大大提高了农民的生产积极性,茶农不但管理好现有的茶园,还大量垦植新茶园。1950年全省茶园27.7万亩,产量5450吨;1978年,全省茶园141.2万亩,产量2.03万吨,同比增长5.1倍和3.7倍。2007年全省茶园250万亩,为1950年的9倍,1978年的1.8倍;全省产量22.39万吨,为1950年的41倍,1978年的11倍,其中乌龙茶11.5万吨,占51.4%,为1954年的460倍,1978年的3.8倍。产茶大县安溪县,1949年茶园20920亩,产茶419.6吨,2007年茶园扩展到36.4万亩,产茶达5.2万吨,同比增长17.4倍和124倍。1995年,安溪被农业部授予"中国乌龙茶(名茶)之乡"的殊荣。2007年,安溪县涉茶总收入57亿元,脱掉贫困县的帽子,成为省十佳、全国百强县。

2007年,全国乌龙茶出口2.17万吨,其中福建省出口1.35万吨,占62.2%,为1949年的62.4倍,1954年的93.8倍,1978年的6.4倍。

乌龙茶内销市场更是蓬勃发展。2007年,福建省乌龙茶产量11.5万吨,扣除出口1.35万吨后,国内销售10万吨左右。乌龙茶遍销全国各地,能有今天这样好的局而,可以说是安溪人起了主导作用。20 年前,不少安溪人就单枪匹马到全国各地推销自产茶。1989 年 9 月,北京举办"中国茶文化周",当时都是一些国营大公司、大茶厂以及国内外的客商前来参加,有位安溪茶农自己租了摊位销售自产茶,显示了安溪人的勤劳、智慧、勇敢和勇于拼搏的精神。现有 10 万安溪人在全国各地开设了 3 万多家茶庄、茶行和茶艺馆,并出现多家驰名全国的企业。不少安溪人在全国各地如广州芳村茶叶市场、北京马连道茶叶市场等设立经营机构,推介自家的产品,并开展茶文化宣传。如厦门在 1949 年前后,茶店只有 40 多家,现在有茶店、茶艺馆近万家,其中大部分是安溪人于改革开放后开办的。

由于乌龙茶的品质优良,深受国内外消费者的普遍赞誉和喜爱,消费群体不断扩大,因此,各茶区都看好乌龙茶的发展前景,纷纷参与发展乌龙茶。除福建省各产茶区大量发展乌龙茶外,广东省也由凤凰山区扩大到整个潮汕地区以及揭阳和梅州等地区,浙江、江西、贵州、广西、云南等省(自治区)也先后培植乌龙茶,预计还会有更多的茶区参与生产乌龙茶。

乌龙茶如何重新走向世界
和走遍全国

一、乌龙茶重新走向世界

乌龙茶是中国六大茶类中输出比较早的茶类。以各时期输出的主要市场进行划分，可以分为三个时期，即风靡欧美时期、侨销茶时期和重新走向世界时期（即日本乌龙茶热或称液体乌龙茶时期）。

(一)风靡欧美市场

乌龙茶主要产地在福建、广东和台湾。半发酵的乌龙茶应始于明代中后期而盛行于清代，至今已有四五百年。当时生产的茶叶有绿茶和乌龙茶（或称武夷茶）。这时候，欧洲人开始东来，对中国茶叶开始有所见闻。1545 年前后，意大利人赖麦锡（Giambatista Ramusio）写的《航海记集成》中载："在中国，所到之处都在饮茶，空腹时喝上一二杯这样的茶水，能治疗热病、头痛、胃病、横膈或关节痛。茶还是治疗痛风的灵药，饭吃得过饱，喝一点这样茶水，马上就消积化食。"1556 年，葡萄牙传教士克鲁兹（Gaspar da Cruz）传教至广州，4 年后回国，写了《广州记述》一书，叙述道："中国人在欢迎他们所尊重的客人时，总是用一个干净的盘子，上面端着一只杯子……客人喝着他们称之为

‘Cha’（茶）的药物饮料,颜色微红,有苦味。"1582 年,意大利人耶稣会
传教士利玛窦来到中国,并在宫廷供职。利氏对中国茶是这样记述:
"有一种灌木,它的叶子可以煎成中国人、日本人和他们邻人称作
‘Cha’的那种著名饮料。他们在春天采集这种叶子,放在荫凉处阴干,
然后用这种干叶子调制饮料,供吃饭时饮用或朋友来访时待客。只要
宾主在一起谈话,就不停地献茶。这种饮料是要品啜而不要大饮,并
且总是趁热喝。经常饮用也被认为是有益健康的。这种灌木叶子分
不同等级,按质量可卖到每磅 1 个或 2 个甚至 3 个金锭。在日本,最
好的可卖到每磅 10 个甚至 12 个金锭。日本人把茶叶碎成末,放 2～3
匙于茶碗,注入热水,搅拌后全部喝掉。中国人则把茶叶盛入热水的
壶内,喝其汤而把茶叶剩下。"利氏对中国茶叶的记述比较详细而具
体,以后叙述茶叶的书籍就越来越多了。

1. 欧洲市场概况

1610 年(明万历三十八年),荷兰商人在万丹首次购买由厦门商
人运去的茶叶,以后又在爪哇、苏门答腊多次购买华茶,然后转运欧洲
卖给英国等国家。当英国东印度公司直接到东方进行贸易的时候,茶
叶便成为荷兰人和英国人争夺市场的商品,并成为欧洲人普遍的
饮料。

1637 年(崇祯十年)4 月 6 日,英国东印度公司商船来到广州,第
一次运去茶叶 51 公斤(112 磅)。英国东印度公司为了大量购买中国
的茶叶,1644 年,在厦门设立代办处,1664 年在澳门设立办事处,1676
年和 1684 年,先后在厦门和广州沙面设立商馆,1702 年在舟山设贸易
采购站。这些机构都设在茶叶输出的口岸,茶叶购买后,先运到印度
马德拉斯,再集中转运到英国。1689 年(康熙二十八年)委托厦门商

馆代买箱装茶叶 9 吨直接运往英国,始创中国茶叶直接运至英国的先例。当时由厦门和广州输出的茶叶有绿茶、武夷茶两大类。如 1699 年,东印度公司订购的茶叶有优质绿茶 300 桶,武夷茶 80 桶。1702 年载运的一整船茶叶,其中松罗茶占三分之二,珠茶占六分之一,武夷茶占六分之一。1751—1769 年,英国东印度公司从中国输入茶叶 16798 吨,其中武夷茶 10728 吨,占总输入量 63.30％。可见,英国后期输入的茶叶是以武夷茶为主的。

茶叶初期运到荷兰时,海牙东印度公司的首脑们视茶为高贵物品,只在会见贵宾或举行典礼仪式时饮用。1635 年后,茶叶才成为宫廷的时尚饮料。到 1680 年,饮茶遂遍及全国。荷兰茶叶消费的数量不多,但在世界茶叶贸易中却占有重要的地位,因其开展茶叶贸易最早,在很长的时期内是欧洲最重要的茶叶转运国,首都阿姆斯特丹是欧洲最古老的茶叶市场。

茶叶传入英国的初期,只供作贵族宴会时饮用。1661 年,葡萄牙公主卡特琳嫁给英王查理二世,把饮茶之风带入英国宫廷,家庭茶会成为王公贵族阶层时髦的社交礼仪。到 18 世纪中叶,饮茶的习惯已普及到社会各阶层。正如马克思所指出的,此时饮用中国茶已变成伦敦街头劳动人民的习惯。英国人饮茶像中国人吃饭一样,有早茶、午茶和晚茶之分,而且饮茶的时间是不能耽搁的。早晨醒来的时候,不论在家里、旅馆、医院都能得到一杯茶,作为醒睡及兴奋剂。午后茶起源于裴德福公爵的夫人安娜别出心裁,在下午请宾客进茶点,深受欢迎。此后,午后茶就成为一种时兴的礼仪。晚间饮茶,富有家庭在很迟的夜餐以前,贫困家庭则在很早的夜餐以后。西欧各国泡饮方法与英国相同,东欧与苏联这些国家,饮茶采用俄国式饮法。

当饮茶热在欧洲冒起之际,曾激起一场关于饮茶有否益处的争论。贬毁者竭力诽谤，视茶为"祸国殃民"；赞美者喻茶为"灵丹妙药"。如德国耶稣派传教士尔里奇诺·马里奇尼的反对论可谓杰作，他说："中国人面黄肌瘦，盖因饮茶。"强烈主张"排斥茶吧！把茶还给他国吧"。荷兰茶会的狂潮使无数家庭萎靡颓废，一些主持家务的贵妇人嗜茶如命，亲自享茶，弃家聚会，终日陶醉于饮茶的社交活动中，以致遭到社会的指责。因此作家以茶为题写了《茶迷贵夫人》一剧，于1701年，在阿姆斯特丹上演。1756年，伦敦商人汉威发表《论茶》说："茶危及健康，妨害实业，并使国家贫弱，茶为神经衰弱，坏血病及齿病之源。"诸如此类，极力诽谤、攻击饮茶。然而，荷兰著名医师尼克拉斯、迪鲁库恩在1641年出版的《医学论》中说："什么东西都比不上茶，由于茶叶的作用，饮茶人可以从所有疾病中解脱出来，并且可以长寿。茶不仅给肉体带来巨大活力，喝茶还会预防结石、胆石、头痛、感冒、眼炎、粘膜炎、气喘、肠胃病等。"英国文学家迪拉利评论说："茶颇类似真理的发展，始则被怀疑，流行寖广，则被抵拒。及传播渐广，则被抵毁。最后乃获胜利，使全国自宫廷以迄草庐皆得心畅神怡，此不过由于时间及自 身德性之缓而不抗之力而已。"1663年，诗人瓦利向查理二世饮茶皇后卡特琳祝寿作一首茶诗，其中有曰："月桂与秋色，美难与茶比……物阜称东土，携来感勇士，助我清明思，湛然去烦累。"文学界诗人萨尔丑斯对乌龙茶的芳香韵味十分赞赏，在《瓶与坛》这首著名茶诗的最后几句写道："吾闻开宴声翻腾，吾歆乌龙之芳馨，异香发，燕山亭，象香之绝，犹匪其朋。"凡此种种，极力煲奖与赞美饮茶。其他议论还很多，由于茶有益于人体健康，最终成为欧洲人流行的饮料。

武夷茶在此期间，名扬海外，因而被誉之为"东风美人"。1762年，瑞典植物学家林奈在再版的《植物种类》一书中，竟以武夷变种（Var Bohea）作为中国茶树的代表。

2.美洲市场的发展

西欧人在饮用中国武夷茶的同时,随着英国的移民也把饮茶习惯传播到美洲。早期只在荷兰人和英国人的富有侨民与上层社会交往中饮用。当时北美人民饮用的茶叶,主要由英国东印度公司的商船自中国运到英国,再转运到北美。1687年,从万丹运2.14吨茶叶直接到美洲。1690年,中国茶获得在美国波士顿出售的特许执照。至18世纪中叶,饮茶习惯遍及北美殖民地社会各阶层,并成为人们须臾不离的饮料。1713年12月16日,美国市民愤于英国政府颁布的《茶叶法》,登上开进波士顿港的三艘英国货轮,将船上324箱茶叶投入海中,这就是著名的"波士顿倾茶事件",从而燃起了美国独立运动的火炬。1783年9月3日,美国人民终于迫使英国政府承认美利坚合众国。独立后,美国商人的商船即直接到中国采购茶叶。1784年8月28日,美国首航中国的商船"中国皇后号"抵达广州,这是一艘360吨木制帆船。翌年5月11日,这艘商船从中国运载茶叶等回纽约,获纯利3万多美元。从此美国商人纷纷投入从事茶叶的贸易,往来于中国的船舶络绎不绝。1844年,在签订中美《望厦条约》以后,中美贸易往来更加迅速发展。

1842年五口通商以后,茶叶出口急剧增加。1860年,中国输英茶叶占输出总量90%以上。据《厦门海关年度贸易报告》载述:"1876年,茶叶出口到各个不同国家中,美国再次独占鳌头,在直接运往国外的茶叶总数5692.60吨中占4291.5吨以上。"1877年,厦门乌龙茶输出量达5425.68吨的最高纪录。可以说,19世纪是乌龙茶、武夷茶风靡欧美的时期。由于需求量的急剧增加,生产一时无法跟上,商人为满足需求和获取更多的利润,竟以次充好,掺杂掺假,导致品质下降而遭到洋行的抵制。与此同时,英国在印度和斯里兰卡属地种植由中国引种的茶种获得成功,英国遂大力宣传饮用印、斯红茶,攻击中国茶不卫生,营养价值低等等,力排中国茶叶。1895 年,中国输出英国的茶叶只占总出口量的 10%。1883 年,美国通过《茶叶法》。1897 年,美国颁布《掺杂与不卫生茶禁止条例》,华茶入口几乎全部被拒绝。1899年,厦门口岸输出美国的乌龙茶只有 14.39 吨,1901 年,仅 1.74 吨。流行欧美达 300 年的乌龙茶、武夷茶从此就销声匿迹了。

(二)侨销茶时期

东南亚大部分地区在二三百年前先后沦为荷兰、西班牙、法国、英国等的殖民地。在这期间,列强在华掠夺华工,闽南地区很多人漂洋过海到南洋和古巴等地区谋生。1875—1880 年,从厦门口岸出洋的人数有 149167 人,其中到东南亚一带的有 123444 人,安溪人为数不少,他们把家乡的茶叶随身携带到这些地区,或自饮用,或馈赠亲友。

东南亚地区气候炎热,茶叶有生津、止渴、清凉、提神等作用,颇适宜这些地区人们作为解暑的饮料。有些人认为有利可图,遂做起乌龙茶买卖的生意。初期由杂货店向厦门专业茶叶店购进小包装茶或请厦门茶叶店代其商号进行加工和包装。续后,东南亚各地区的一些商人就自立门户,在家乡进行采购、加工和包装,然后由厦门口岸输出。东南亚等地区先后设立的茶庄、茶行简介如下:

马来半岛(今新、马地区)先后设立茶叶店的有林金泰、张馨泰、高铭发、白三春、高芳圃、林和泰,等等。1928 年,在新加坡成立茶商公会,有茶行、茶庄 22 家。1952 年,发展到 30 多家。

泰国乌龙茶的拓展过程与马来亚相类似。泰国华人多广东移民,但经营乌龙茶的商人则以安溪人居多。从清代直至民国期间,在泰国开设茶店的有仕源、王芳春等 30 多家。新中国成立后,虽然泰国禁止大陆茶入口,但乌龙茶因备受泰国人的欢迎,仍然源源从各种渠道输入,每年进口乌龙茶 200 吨左右。

缅甸先后开设的茶店有林辉记、张源美茶行和福建茶行。1953年,缅甸政府禁止茶叶入口,缅甸乌龙茶市场从此消失了。

在印度尼西亚,可以说,武夷茶、乌龙茶早就盛行于印尼市场。20世纪初,华人在雅加达、泗水、井里汶、巨港、棉兰等地先后开设的茶叶店有 10 多家。1928 年,荷兰东印度公司从中国引进大批茶籽在爪哇种植,继而在加里曼丹、苏门答腊等地大力发展茶叶生产,并宣传饮用地产茶,华人经营的乌龙茶受到很大的冲击。1952 年,印尼禁止茶叶入口,印尼乌龙茶市场就这样断送了。

菲律宾华侨大部分是泉州一带的移民,并习惯饮用家乡施集泉、张泉苑两家茶店的茶叶。施集泉于 1949 年和 1953 年先后与菲律宾神农药房和福联盛商场订立全权代理和经销。在菲开设茶店的有芳茂茶庄和方诗仑茶行。

越南(旧称安南)和柬埔寨、老挝,独立前是法国殖民地。1741年,安溪人王冬在西贡、提群、婆寮、波草、群退、沙绿、米秋(初)、新美、金边等 12 个省开设冬记茶行,其大红铁观音驰名于印度支那半岛。以后在这些地方经营茶叶生意的有锦芳、国记、泰山、谦记、林金圃、高源苑和蚁兴记等茶庄、茶行。1941 年太平洋战争爆发后,乌龙茶货源中断,战争结束后,越南等地乌龙茶的销量已寥寥无几。

香港自 1842 年成为英国管辖地后,因此对港输出的乌龙茶被视同侨销茶。抗战胜利后,香港专营乌龙茶批发业务的有张源美茶行和尧阳茶行。50 年代中,厦门茶叶进出口公司在港的经销客户有林品珍、东荣、华益、信行、万源和泉昌等。

乌龙茶为什么被称为"侨销茶",因为它全部由华人经营,大部分也是华人饮用,由此被称之。乌龙茶被挤出欧美市场后,饮用乌龙茶的只有东南亚这些地区。正是侨销茶这一原因,乌龙茶在这些地区牢牢地扎下了根。当殖民主义者大肆攻击、诽谤、排挤乌龙茶时,华人进行反攻击、反诽谤,所以乌龙茶在这些地区的销售量不但没有受到影响,而且有上升的趋势。1901年,乌龙茶出口到东南亚有400多吨,1928年和1936年分别为702.36吨和623.6吨。

乌龙茶始由少量携带到批量地进入东南亚地区,是先辈们经过千辛万苦勤奋经营的辉煌业绩。第二次世界大战后,销区的缩减和新兴饮料的崛起,乌龙茶的出路面临莫大的困境。然而,除当地政府禁止茶叶入口的地区外,其余地区仍然持续经营。1954年,乌龙茶由国家统一收购,是年出口106.13吨,20世纪60年代年出口1300吨左右,1979年出口2258.17吨,为1949年216吨的10.45倍,1954年的21.28倍,为20世纪60年代的1.7倍左右。茶叶放开经营后的1985年,出口到东南亚的乌龙茶达4734.48吨。可见,乌龙茶对东南亚的出口仍然不断在增长。

(三)乌龙茶重新走向世界(即日本乌龙茶热或称液体乌龙茶时期)

1949年新中国成立后,当年11月23日成立中国茶叶公司,是贸易系统中最早建立的全国性专业总公司。1950年,中茶福建省分公司成立。1951—1955年,省公司先后在建瓯、漳州、安溪等地设立乌龙茶精制厂。1953年,在漳州市成立办事处,经营安溪、建瓯等地收购加工的乌龙茶。1954年,茶叶由国家统一收购。同年,中茶公司在厦门设立办事处,负责全省乌龙茶出口。1956年,厦门私营茶叶行业全行业进行公私合营，乌龙茶界的精英全部进入中茶厦门支公司。这时，厦门支公司拥有了经营乌龙茶最雄厚的业务和技术人员的队伍，并调部分人员到省公司及安溪、漳州两茶厂工作，使公司在对内对外的各项工作得以更加顺利地开展。然而，公司面临的一些问题，必须予以妥善解决。主要有如下几点：

第一，建造茶叶加工厂。茶叶虽然在产地进行了加工，但不一定全部适合客户的需求，因此必须在口岸重新加工与拼配。原私营企业的加工场所，规模小，又分散，所以茶叶加工厂是不可或缺的。经上报后，1958年在青墓山建设了加工厂。

第二，统一商品茶唛头。乌龙茶的商品茶名称，自早以来就是五花八门。经先后改进后，不但简单易记，而且趋于规范化、国际化。因此福建乌龙茶出口既凭货号的质量标准予以放行，也凭货号进行交易。如今，这些货号已是国内外公认的名牌茶。

第三，创立品牌问题。1958年，公司开始生产小包装茶。初期采用总公司的"八中一茶"等商标，1960年公司认为全国茶叶使用统一商标不适宜，因此选择具有历史意义的厦门十里长堤"海堤"作为自己的商标。如今，"海堤牌"小包装茶遍销国内外，为乌龙茶走向世界起了开路先锋的作用。

第四，角逐国际市场。乌龙茶历来以"样品"进行交易，在使用上述货号的初期，同样应向外商寄出样品，然后凭样品成交。由于口岸验收和产区精制厂能共同坚持质量和信誉第一的原则，商检部门也认真执行口岸监督职能，严格禁止没有达标的产品出口。这种层层把关的措施，保证了乌龙茶产品的质量，很快得到外商的信赖。到20世纪50年代末，乌龙茶传统销区东南亚和港澳地区的客户，已经习惯不看样品就凭唛号进行交易。

　　乌龙茶主要产区在福建、广东和台湾。外销市场都是东南亚和港澳地区,竞争十分剧烈,主要是争夺中、下档茶的市场。公司采取任务与优惠条件结合的方式,根据不同地区、不同对象的客户,采取因地制宜、因人制宜的措施,通过经销客户与台湾茶进行竞销。使我出口的乌龙茶销量步步上升。20世纪60年代,年出口港澳、新马的乌龙茶仅1200多吨。20世纪70年代末,年出口达2000多吨,占领了港澳和东南亚大部分市场。

　　对于远洋未开发的地区,通过驻外兄弟机构广泛联系客户,采取勤联系、多寄样的方法,进行深入细致的宣传。1976年,公司首次出口乌龙茶3吨往日本,开福建乌龙茶出口日本的先河。由于乌龙茶以其独特的韵味赢得了日本消费者的喜爱,1978年,日本进口乌龙茶达178吨,1979年,日本第一次掀起"乌龙茶热",是年进口乌龙茶280吨。日本乌龙茶的消费量之所以进展得这么快,也是事出有因。1979年9月,日本电视台播出一位女歌星接受记者采访的节目,记者问她:"好久不见,你怎么变瘦了,长得更漂亮了。"她嫣然一笑说:"因为我常喝中国乌龙茶。"这句话像一股飓风吹遍了日本国,引起社会上的极大反响。

　　其时,乌龙茶的饮用还是采用工夫茶的泡法。1980年,正当乌龙茶走俏日本的时候,伊藤园的决策者们就在思考现代人的生活节奏与乌龙茶繁琐的泡饮程序有着难于融合之处,于是决心改变乌龙茶的商品形态,遂开展对传统的泡饮方式进行革命。在厦门茶叶进出口公司支持下,1981年2月,易拉罐装乌龙茶水终于问世了,为茶叶的饮用另辟了蹊径。这种富有时代潮流的新商品,即时受到四面八方的欢迎,一时之间,自动售货机、车站商场、停车场、百货公司等地方皆出售罐装乌龙茶水,于是再度掀起"乌龙茶热"。这股热潮与300年前欧洲

"武夷茶热"相比,有过之而无不及。于是乌龙茶名声大振,上百家的日本饮料商社参与生产罐装乌龙茶水,很多电视台日夜宣传饮用乌龙茶水,使得日本饮用乌龙茶热潮迭起。因此,福建乌龙茶对日本的出口飞跃猛增。进入20世纪90年代,日本年进口乌龙茶达2万吨左右,一跃成为乌龙茶最大的进口国。

乌龙茶经过厦门茶叶进出口公司艰苦的经营,销区突破了港澳和东南亚市场,扩展到欧洲、南北美洲、非洲、大洋洲等40多个国家和地区,终于去掉了乌龙茶仅仅作为一种"侨销茶"的称呼。

1984年,茶叶放开自由经营时,全国产量最大的绿茶有些积压,红茶出口亏本,乌龙茶供不应求。因此,各个口岸有进出口权的企业和一些非经营茶叶的国营、集体以及个人,争相经营乌龙茶出口,造成市场混乱。1985年9月20日,经贸部根据国外客户和各方面的意见,把乌龙茶列为三类物资一类管理,出口实行许可证管理,由经贸部发证,规定由承担乌龙茶出口收汇的四个口岸经营出口。此为新中国成立后茶叶出口首次实行许可证管理制度。这对巩固和扩大市场以及提高出口效益起到一定的作用。2004年,国务院取消对茶叶(绿茶、乌龙茶)的审批,内外资企业均可经营。2007年,全国乌龙茶出口达2.17万吨。为1954年106.13吨的204倍,为1984年3569.81吨的6.1倍。现在,乌龙茶已以方兴未艾之势畅销于东南亚、日本和欧美等国家和地区,在国际市场上占领了部分市场。1950年,世界茶叶总产量64.16万吨,出口总量39.75万吨,乌龙茶产量0.0674万吨,占0.105%,出口0.014825万吨(中茶8.25吨,私企140吨),占0.0373%。2000年,世界茶叶总产量291.37万吨,总出口量133.13万吨,乌龙茶产量6.76万吨,占2.3%,出口量2.1158万吨,占1.6%,打破了红绿茶一统天下的局面。

二、乌龙茶如何走遍全国

乌龙茶最早的产区在闽北、闽南和广东。明末清初,安溪移民把植茶、制茶的工艺传播到台湾,闽台从事生产、加工和经营茶叶的大部分是安溪人。民国《崇安县志》载:"本县民智未开,生产落后,揆其故,皆不知注重职业所致也。茶叶经营均操于下府(厦、漳、泉等地)、广州、潮汕三帮之手,采茶制茶均江西人,本地人几无一业此者,此社会经济不能发展之主因也。"《崇安县志》所指的"广州帮"是广东人,而"潮汕帮"实际上是安溪的移民。武夷山的山岩,大部分属闽南茶商所有。抗日战争胜利后,本地民众仍然无人参与茶叶生产,武夷山的茶叶,全部由厦门的茶商收购、加工和运销各地。新中国成立后,农村进行土改,山岩依法分给农民,茶叶由供销社等部门收购。

早期制作的乌龙茶和武夷茶,大部分是输往国外。国内饮用乌龙茶的地区,基本只有闽南、广东潮汕和台湾地区。20世纪50年代末,为了供应华侨回国旅游、探亲的需求,北京、青岛、大连等地在供应华侨的商店里设有专柜供应乌龙茶。从此,乌龙茶开始出现在北方的一些市场上。当时,要购买乌龙茶,必须凭侨汇券购买(凭华侨汇款发给优惠券)。爱好者只得"望洋兴叹",但促使一些人对乌龙茶有了初步的了解和认识。

20世纪80年代初,正当日本掀起"乌龙茶热"之际,大批日本游客来到中国,大多想在中国购买一些乌龙茶,促使各地一些没有经营乌龙茶的茶店、商场开始思考经营乌龙茶。日本"乌龙茶热"的"热风"阵阵向中国袭来,不但台湾掀起饮用"开喜"罐装乌龙茶水的热潮,日本的乌龙茶水也开始进入中国的市场,很多人感到耳闻不如目见,萌生有机会一定要亲自品尝一下乌龙茶的念头。

改革开放后,国家规定农民生产的农产品,可以自产自销。其时正逢日本"乌龙茶热",全国生产的乌龙茶还不能满足出口的需求,所以仍由国家统一收购。1984 年,茶叶放开自由经营,精明、勤劳、勇敢的安溪人,乘着神州大地弥漫着饮用乌龙茶的氛围,敢于步先辈漂洋过海拓展乌龙茶市场的精神,携带自产的茶叶,走南窜北,奔东赴西,到全国各地出售。同时,安溪县有关部门在广州、上海、北京等地举办乌龙茶评比会、茶王赛等一系列活动,推波助澜,形成了安溪茶都、广州芳村南方茶叶市场、北京马连道茶叶一条街、上海茶叶城、济南茶叶市场等。在最边远的拉萨市,安溪人也在那里开设了几家茶叶店。如今有 10 多万安溪人在全国各地开设了三五万家茶庄、茶行和茶艺馆,并出现多家驰名全国的企业,有些企业在国内有上百家的连锁店。可以说,安溪人对乌龙茶在国内外的拓展,功不可没。2005 年,全国乌龙茶产量为 10.38 万吨,出口 1.88 万吨,国内销售量达 8.5 万吨。2007 年,全国乌龙茶产量 15 万吨,出口 2.17 万吨,国内销售量达12.83万吨。两年之间,增加 4.33 万吨,增长 51%。可见,乌龙茶在国内销售量的增长是十分迅速的。

乌龙茶能够重新走向世界和走遍全国,除了外贸部门、产区茶农到处奔波和国内外各方的大力宣传外,其主要原因是乌龙茶独特的天然花香和佳醇韵味,受到广大消费者的喜爱。乌龙茶属半发酵茶,有些人在评价乌龙茶的品质时说,乌龙茶"既有绿茶的芳香,又有红茶的醇厚"。好像似有道理,但细加品饮与比较,却不尽然。因为乌龙茶不同的品种有各自独特的香气,淡薄又带点草生味的"绿茶的芳香",焉能与其天然花果香媲美。乌龙茶的滋味,浓甘爽口,武夷岩茶有"岩韵",铁观音茶有"音韵",一句"红茶的醇厚"焉能包罗得了。清代饮食

家袁枚在品尝乌龙茶中的武夷岩茶后,评述得淋漓尽致:

> 余向不喜武夷茶,嫌其浓苦如饮药,然丙午秋,余游武夷,到慢亭峰、天游寺等处,僧道争以茶献,杯小如胡桃,壶小如香橼,每斛无一两,上口不忍遽咽。先嗅其香,再试其味,徐徐咀嚼而体贴之。果然清香扑鼻,舌有余甘。一杯之后,再试一二杯,令人释燥平矜,怡情悦性,始觉龙井虽清而味薄矣,阳羡虽佳而韵逊矣,颇有玉与水晶,品格不同之感。

袁枚之描述,实是道尽了品尝乌龙茶的秘妙所在。再者,乌龙茶的品饮艺术,杯小如胡桃、壶小如香橼、高冲低斟、关公巡城、韩信点兵、再嗅其香,等等,也是大家乐于玩尝的。归根到底,乌龙茶能够重新走向世界和在一二十年之间就走遍全国,是其优良的品质赢得了市场。可以说,产品的质量与销量是成正比的。倘若没有质量第一这个条件,其他一切努力都是徒劳的。历史的教训值得注意,100 多年前,乌龙茶在欧美市场为何丢失?正是产品质量出了问题。可以说,质量是产品的生命线,此乃真知灼见。

由于乌龙茶品质优良,深受消费者的普遍赞誉和喜爱,因此,国内外有些茶叶产区,看好乌龙茶的发展前景,纷纷参与发展乌龙茶,但能制得像现有乌龙茶韵味者不多。据日本《读卖新闻》报道,日本静冈县挂川市大野区的茶农,20 世纪中叶,先后七次到台湾和福建学习焙制乌龙茶技术,并制出"和凤乌龙"推出市场,称日式乌龙茶。后来,未见其继续报道,谅也未获成功。20 世纪 80 年代日本兴起"乌龙茶热"时,湖南××茶厂聘请安溪大茶师前去制作乌龙茶,缘品种、气候原因,亦未成功。现在江西、浙江、云南、广西、湖南、贵州等省都在培植乌龙茶,预计还有更多的茶区参与生产乌龙茶。

乌龙茶前景无限好,再加拓展,便能更上一层楼。

新马茶市印象

　　1986 年,笔者作为中国贸易展团的成员参加'86 马来西亚厂商公会国际博览会。展团于 6 月 30 日近午由北京启程,经新加坡中转后,乘马航飞机飞往吉隆坡。博览会闭幕后,在新停留五天,等待回国班机,故又有幸于会前和会后考察了新、马两地的茶叶市场,实可谓开拓了眼界而不虚此行。

　　国际博览会于 7 月 12 日在巫统大厦隆重开幕后,莅会剪彩致辞的马来西亚工商部长东姑拉沙里曾亲临中国的茶叶展摊品尝工夫茶,对乌龙茶味、香、醇的品质备加赞赏。许多前来洽谈贸易的华人客户和参观者甚至在参观现场对工作人员提出买些茶叶的要求。由于这次在博览会展示的陈列品只作为贸易和宣传的样品,我们一时竟爱莫能助,实在感到十分遗憾。很多参观者感慨地对我们说,目前在市场上购买的很难说是货真价实的茶叶,所以很想在博览会上买点来自家乡的地道产品进行品尝、比较。他们的迫切愿望不仅令人感动,而且使我们从中得到启发。为满足参观者的要求,我们嗣后立刻请马来西亚的经销客户,精选一些福建省和厦门茶叶进出口公司的小包装茶在博览会的展摊出售。这一应急举措不仅满足了参观者的愿望,还及时了解了茶叶消费市场的需求现状。倘若我们今后能酌情提倡,在展览活动中适当辅以少量销售,则宣传效益和经济效益兼而有得,实不失为两全其美之举。

马来西亚华人社会对茶叶的重视已有相当的一段历史。据《安溪县志》记载,安溪人在明朝时就先后漂洋过海,在马来半岛拓荒垦殖,至1914年又把安溪茶种带到吉隆坡附近种植,然后按传统的技艺制造、加工乌龙茶,但当时茶叶的品质却由于土壤、气候的关系而欠佳。继之英国人又先后由中国和印度引入茶种,在金马仑等高山地区开垦种植,并采用机械制造红茶。茶叶产量由1938年的300多吨增加到1970年的3000多吨。马来半岛的金马仑产茶区虽然早就闻名,但展团人员的活动限制在吉隆坡,竟失去了实地考察的机会,实是此行的一件憾事。不过,在客户的建议下,我们曾到离吉隆坡100多公里处的林良才(福建龙溪籍)树胶园周边参观一家制作红茶的加工厂。厂虽不大,但设备尚齐全,从茶青萎凋、揉捻、发酵、筛拣、烘干、风选、和堆以及成箱包装,大部分采用机械的运作方式。该厂的产品分为BOPF、BOP、OP、茶粉和一、二号枝片,大部分在国内市场销售。马来西亚年产红茶4000吨左右,占国内市场销量的三分之二。

在参加国际博览会期间,我们同时注意到新、马地区的饮茶习俗。新加坡人口230多万人,其中华人占75%。马来西亚人口1500万人(1986年),其中马来人占47%,华人占34%,印度、巴基斯坦人占9%,其他人种占10%。人种之区别,也形成了不同的饮茶习惯。马来人和印、巴人多饮用加奶的红茶或咖啡,广东潮汕和闽南籍的华人多饮用乌龙茶,而福州籍的华人则习惯饮用茉莉花茶。抗日战争前,新、马地区的城市和乡村到处遍设"茶桌仔"(饮茶摊、馆),劳动人民口渴或休闲时往往三五成群地会集在茶桌仔品尝工夫茶,而商人们则常常在茶桌仔边饮茶边洽谈生意,这种情况使乌龙茶进入其最盛行的年代。随着新颖便捷的饮料以日新月异之姿态遍销于市场的各个角落,年青一代认为喝茶又热又苦,比不上喝其他饮料清凉可口。而"茶桌仔"的经营者在受到新潮流冲击后,也发觉沏泡工夫茶麻烦费时,收利不多,实不如经营其他饮料操作简便,消费者喝完就走,店家赚钱也快。所以茶桌仔之盛况日渐式微,乌龙茶的销量自然大大今不如昔了。现在新、马市区的马路上虽然还有很多招牌用中文写着"茶餐室",但卖的是加奶的红茶或咖啡和各种地方小吃,只有经营肉骨茶的餐室才能看到泡饮乌龙茶的场面。新、马地区酒家的经营者大部分喜欢向消费者提供成本较低的六堡茶或普洱茶。在一般的酒店、旅社,既不备茶具供客泡茶或配备冰箱和饮料,乌龙茶只在超级市场、杂货店和药店出售。所以乌龙茶在新、马市场的前景不容乐观。要扩大乌龙茶的销售,务必审时度势,对乌龙茶泡饮的方法进行革新,例如采用袋泡茶、速溶茶、保健茶和液体茶水等产品形式,以适应市场的消费现实。

新、马两地经营茶叶的茶店有四五十家,绝大部分由安溪籍华人开办。在厦门茶叶进出口公司的 12 家散装茶经销客户中,安溪籍华人占口家。所以在新、马从事茶叶贸易活动,不但有语言方面的有利条件,而且在感情沟通方面也比较融洽。新、马是乌龙茶的传统市场和销售比较大的地区之一,历来竞争相当剧烈。大部分茶店采用广告车送货上门,广告车里装满系列小包装茶,一次出车须五至七天才回来,几乎跑遍了整个半岛所有的城镇和乡村,而货款须待茶叶售出后方能收回,商家经营之艰辛想而可见。我们还注意到这样的一种情况,即当原料茶价格上调或其他经营费用增加时,各茶店为稳定已有的销售渠道,遂采取暂不提价或少提价的方法,但为保持微薄的利润,往往在拼配的原料茶上做文章,导致茶叶质量出现下降趋势。目前在新、马市场上,价格较高的高档茶销量已逐渐减少,中档的乌龙茶则相对比较畅销。近来,泰国清迈等地方仿制的廉价乌龙茶,由泰、马边境进入马来西亚,有些茶商不考虑后果,竟以泰茶拼入中国乌龙茶中出售,为获取厚利而欺诈消费者。现在泰茶已取代了中国部分低档乌龙茶的市场,而乌龙粗茶又被印尼等地的粗茶取代。新、马地区的乌龙茶市场状况令人喜忧参半。

奇茗奇趣工夫茶

乌龙茶的鉴别

茶叶这种商品,有些人认为它是"三项乌,不可摸",意思是说它的品质难于鉴别,不要随便经营,不然容易上当受骗。事实也是这样,当前科学技术虽然进入电子计算机时代,但是对茶叶的鉴别,也只能采取物理与机械的手段检验出茶叶的某些数据而已。而从茶叶的形、色、香、味鉴别品质的优次,必须依靠富有经验的技术人员(茶师)的感官来完成。俗语道,"瞒者瞒不识,识者不可瞒"。经营茶叶行业的人,特别是有关的业务人员学会鉴别茶叶品质,这是一项必不可少的技术本领。乌龙茶品质的评审,比其他茶类尤为繁杂,除名茶外,主要以茶叶的品种为评审质量的依据,然后根据各项要求评定它的高低。现拟用"望、闻、问、切"等方法,对乌龙茶的品质做出鉴别。

一、望

望就是以视觉观察茶叶的外形、色泽、汤色和叶底等。

(一)外形(含色泽)

外形是乌龙茶品质的"三才"之一,对外形的鉴别是重要的步骤之一。外形主要观看以下几个方面:

紧结度：条形粗壮紧结和卷曲是乌龙茶的一大特色。由于各地制工不尽相同而呈现条形紧结卷曲或略直而壮实，因此通过观看外形形状和松紧程度，就可以区分出它的产地是闽南或闽北。如果结合梗、蒂的粗细和色泽进行观察，还可以区分出它是武夷茶、闽北茶（建瓯等县）还是安溪茶，属于什么品种、季节以及品质优次的概念。

色泽：有"一声二宝色"的论茶法，意思是说从"声"和"色"就可以区分出茶叶品质的优次。"声者"系茶叶碰撞或以手握之发出的断碎声，以此判断条形的紧结度和干湿度。"宝色者"意谓色如宝贝，令人喜爱。上品茶叶外表乌黑油润、红点砂绿明显，即所谓"三节色"者。反之，色暗青乌，红度比例失当，或枯燥无光泽，或多黄条、黄片者，必为中下品。结合"春黑、夏赤、暑褐、秋绿"之说，又可区分出它所属的季节。所以色泽与内质密切相关，是鉴别品质的有效方法。

老嫩：条形粗松且色黄者多偏老，条形细而乌油者属嫩。乌龙茶嫩度要适当，不然会影响质量和失去乌龙茶的风格。

净度：加工精制的产品，梗片和夹杂物是否拣剔干净。

碎末茶：观看各段茶叶和碎茶、末茶的比例是否适当。

（二）汤色

从初制的毛茶到成品的商品茶，因要求不同而火候有轻有重（足），因而茶汤有淡有浓。淡者色浅黄，浓者色暗褐。所以不能以茶汤的颜色判断优次，应该观看茶汤清澈与浑浊的程度以及杯底沉淀物的状况，从而判断茶叶品质的高低。

（三）叶底

将冲泡后的茶渣倒入盛水的碗盘中，其叶张基本上恢复了鲜叶的形状。先看全部茶渣色泽的匀均程度,再看叶片发酵程度。叶厚软亮,面如绸缎,边缘微红,正如人们习惯上所说的"青蒂、绿腹、红镶边",属上品也。反之,倘若叶薄欠匀,色暗青乌,枯燥无光泽,或质硬,或火候失当条形仍保持原状者,其品质必低次。叶脉粗细,叶缘齿的深浅钝锐,是帮助区分品种的有效方法。

二、闻

闻就是以嗅觉闻茶叶的气味,分干闻与湿闻。这是判断茶叶品种和品质优次的重要方法。

(一)干闻

闻干茶叶可以闻出香气高低、火候轻重和有否焦霉或杂味,以及品种类型和品质优次的概念。

(二)湿闻

评审乌龙茶一般采用开口杯冲泡,分闻杯盖、闻茶汤和闻茶渣。

闻杯盖:茶叶经冲泡后,其香味因升华而聚于杯盖。通过闻杯盖不仅闻香气的高低粗细和持久度,更重要的是区别它的香型类别和纯度情况,以及是否夹有焦、烟、霉或其他杂味,是判断茶叶品种、季别和品质优次的重要方法。

闻茶汤:在品饮茶汤之前闻一下汤味,饮后闻一下杯底,有助于判断茶叶香型和香气的高低,特别是用壶冲泡茶叶时尤为必要。

闻茶渣:分直接闻渣和倒在杯盖上闻渣两种方法。它可以帮助判断茶叶的品种、季节和香气的长短。

三、问

问就是以口腔品尝冲泡的茶汤，是鉴别茶叶品质的主要方法。品尝茶汤时，茶汤应在口腔内稍为停留抖动，使口腔内的舌头、齿颊和喉咙反复尝试茶汤的滋味，从中判断汤味的品种类型。再者，茶叶最大的价值就在于饮用，茶汤是否适口是决定品质优次的主要因素。汤味以甘甜、鲜爽和浓而醇者为上品，清淡或粗涩者为中下品，含烟、焦或杂味者属次品。经反复尝试，就可以区分出茶叶的品种、季别和品质的高低。

四、切

切就是利用手的触觉判断茶叶的季节和干度。在同等条件下，春茶的叶质稍微柔润沉重，夏、暑、秋的茶叶比较刺手轻飘。以手握捏茶叶，当茶叶折断时能散出一股茶香，借以帮助嗅觉嗅闻茶叶的味道，同时可以测估茶叶含水量的情况，水分少者茶条易折断并发出"沙"的声响；水分大者不但没有声响，手放开后，茶条会稍微伸展，梗也不易折断。

通过以上的鉴别，基本上可以对茶叶的产地、品种、季节以及品质的优次等做出比较准确的判断。"文章、风水、茶，真懂无几个"，乌龙茶区的这句谚语，描述了茶叶品质鉴别的奥妙和难度，但是有"功夫"的行家还是可以辨别清楚的。如何提高"望、闻、问、切"技能而成为一位有"功夫"的行家，以下三点浅见可供爱好者学习时做参考。

（一）勤

古人说，业精于勤。就是说勤是事业成功的重要因素。学习鉴别茶叶品质，需要有恒心，勤奋学习，即经常看，经常品试。可以说，"一年生（生疏），二年熟（熟练），三年如吃获（闽南语'肉'）"。勤勤恳恳学习几年，积累的经验多了，自然就可以逐渐掌握分清茶叶品质优劣的方法。

（二）比

"不怕不识货，只怕货比货。"这是过去商人在兜揽生意时的口头禅，它表明了物品通过对比就会显露出优劣的道理。因此，用对比的方法鉴别茶叶品质在形、色、香、味方面的优次，不但是目前茶叶审评工作中检验产品质量的方法，也是学习鉴别茶叶技术的捷径之一。通过经常比试，不断熟悉各种茶叶的不同特征和等级差距，久而久之，自然而然地就能在比的过程中鉴定出不同茶叶的特征和品质的优次。

（三）参

要成为一位鉴别茶叶品质的能手，不但要持之以恒地勤勤恳恳学习，而且要不辞劳苦地参与生产、采制、加工和拼配等的劳作。俗云百闻不如一见，看过不如做过。通过实践，才能比较全面地了解茶叶在整个生产流程中各个工序在不同情况下产生的不同作用以及形成的不同品质状况。这样，在对茶叶进行鉴别的过程中，品质的优劣情况既能知其然，而且能知其所以然，从而获得比较扎实的基础。这是每一个精通茶叶品质的行家所必由之途径。

总之，茶叶品质的优次，目前尚无法使用数据予以区分，但要运用语言加以准确地表达又有一定的困难,如所谓"岩韵"、"音韵"等一系列抽象的概念(或称术语),只能在"比"、"参"的过程中逐渐地意会心领。世上无难事,只要勤奋学习,刻苦钻研,虚心求教,不耻下问,反复实践,自然能融会贯通。有志者必将在乌龙茶品质的鉴定技艺方面达到得心应手的境界。

乌龙茶的品饮

乌龙茶采制独特,品质优异,它具有红茶的浓醇、绿茶的鲜爽和芬芳似兰的香气。其泡饮方法也自成一套品尝艺术,能使欣赏者增添美的享受。

一、水的选择

自古以来,总是把好茶与好水放在同等重要的位置上来考虑,好茶好水相得益彰。沏茶用的水,自陆羽《茶经》问世以后,论述甚多,究竟用什么水沏茶好,宜因地择优。只要是活水,水质洁净,杂质、矿物质少,在化学上被称为软水的,就可以用来沏茶,并达到清澈甘甜的品饮效果。煮水的工夫也很有一番的讲究,《茶经》说:水有一沸、二沸、三沸之分,而以三沸为宜,即水沸时产生腾波、鼓波的现象,有人称之谓"蟹眼",闽南人则叫"大滚"。用这种温度较高的水来沏茶,可使紧结的茶叶迅速展开,使芬芳馥郁的茶香充分散发出来。然而水沸也不宜过久,过久则腾波、鼓浪逐渐微弱,用这时的水沏茶,清甜程度将受到影响。

二、"四宝"的选择

茶具的选择亦不能等闲视之。关于这方面,《茶经》以后论述和介绍不一而足,论者往往因时代不同而有所异。上古时代多陶制品,到了瓷器发明以后,则陶、瓷茶器参差并用。文房有四宝,饮用乌龙茶的茶具也有四宝:即玉书碨(陶制开水壶)、潮汕烘炉、宜兴紫砂壶(茶壶)、若琛瓯(茶杯)。陶制开水壶耐冷热又保温,水沸腾时,薄小的壶盖能随着蒸汽的冒出而掀动,发出"扑、扑、扑……"的声响,这时的水温泡茶最适宜。陶制开水壶近代已很少使用,而改以潮汕铜茶鼓或电热式开水壶。潮汕烘炉炉膛小而高,不仅有利于火力集中,且附有炉盖炉门,便于调节火温,故取代了平和的大壮炉。现在烧开水多使用煤气灶或电热式开水壶,故沏茶时尤以卫生清洁见长。宜兴紫砂壶之所以为茶人所乐用,一是其壶胎质好,不仅宜于保温,且提壶斟茶时不烫手。二是壶体造型凸肚近似球体,冲泡茶叶时,可促使热力辐射集中于壶体中心而不易散失,有助于茶的香、味得到充分的体现。

一般地说,茶壶的选用宜小不宜大,壶大杯必大,其饮必多,"牛饮"则难于品尝到好茶的真韵。故壶有大小之别,其目的在于供茶人酌情选用。此外,茶壶宜选择出水流畅、壶嘴向下斟茶时壶盖不易滑落,斟茶水后茶水不沿壶嘴外壁流以及出水口、入水口和壶柄顶端三者均在同一平面上,即俗称"三山齐"者为佳。喇叭状开口盖杯,现在与宜兴壶同为沏泡乌龙茶的用具。其优点是可借助杯盖细闻香气来鉴别茶叶的品质,可直接观看叶张的发酵程度。倒茶汤时出汤快,清渣时简便利落,是审评乌龙茶的实用工具。若琛杯状似半个乒乓球,色白如玉,胎薄如纸,体形小巧玲珑,故杯中茶水或浓淡或清浊,视之一目了然,是乌龙茶品尝艺术中不可或缺的传统式佳器。至于茶盘和茶垫,宜选用经特殊工艺处理的冰裂纹片盘和冰裂纹片垫,使之配上杯壶后显得古色古香,更能增添品饮的雅趣。此外,有人还选用锡、铝制的"茶船",其好处是便于端茶款客,并可兼储溢余的茶水。

三、沏品的技艺

有好茶与好水以及齐整的"四宝",只算是具备了物质条件。如果没有沏茶和品尝的功夫,便不能达到品饮所应有的效果和境界。下有煮茶趣传为证:陆羽号鸿渐,唐代复州广陵人。他是一个弃婴,由知积大和尚把他抚养成人。陆羽自幼为大和尚煮茶,练成了一手沏茶的好功夫,故大和尚非陆羽沏泡的茶不饮。陆羽出游数年,大和尚因此不再饮茶。当时唐代宗闻知此事,将信将疑,便召大和尚进宫,找擅长茶道的人沏茶予以招待,想借此试试大和尚的口味。谁知大和尚一沾唇,立即放了茶碗。于是唐代宗又秘密召唤陆羽进宫烧茶,大和尚一尝到陆羽沏的茶水,即时喜形于色,仰天赞叹说:"这碗茶真像是陆羽亲手做的啊!"皇帝这时才对大和尚及陆羽品饮、沏泡的功夫深感叹服。既为传说,当然不可尽信,但是缺乏沏茶和品茶的功夫,确实难以尽享佳茗之真味。

品尝乌龙茶,首先应视人数多少配以恰当的茶壶,然后用沸水把壶、杯烫热洗净,勺取适量的茶叶放入壶中,以"大滚"的水于距壶10多公分的上方向壶内冲注。第一次冲泡时,务须把水冲至壶满,并以壶盖把浮在壶口上面的泡沫推掉,盖上壶盖,再用少量的热水倾淋壶盖,把附着于壶盖上的泡沫淋除干净。侯过一分钟左右,即可提起茶壶,轻轻地在茶垫周缘上圈绕一二圈,然后持壶靠近茶杯,把茶汤依序来回均匀地向每一只杯中一滴一滴地沥尽,再冲注第二次。品尝茶汤时,应先观其汤色,闻其香味,然后缓缓地细啜茶汤,才能尝尽茶叶的真味,也就是达到茶叶行家所说的"意会"境界。清袁枚写的《随园食单》,对品尝乌龙茶的感想做了如下描述:"余向不喜武夷茶,嫌其浓苦如饮药。然丙午秋,余游武夷,到曼亭峰、天游寺等处,僧道争以茶献。杯小如胡桃,壶小如香橼,每斟无一两,上口不忍遽咽。先嗅其香,再试其味,徐徐咀嚼而体贴之。果然清香扑鼻,舌有余甘。一杯之后,再试一二杯,令人解燥平矜,怡情悦性。始觉龙井虽清而味薄矣,阳羡虽佳而韵逊矣,颇有玉与水晶,品格不同之感。"袁枚之说,实是道尽了品尝乌龙茶的秘妙所在。

乌龙茶这套雅致、考究的沏饮技艺,茶界誉之谓"工夫茶"。现把其归纳为如下程式:

1. 备器候用:预先取齐洁质的器皿,视人数配以恰当的杯壶,是品饮艺术程序中的第一步。

2. 倾茶入荷:把茶罐中的茶叶倒入茶荷。

3. 鉴赏佳茗:观看茶叶的色泽与形态。

4. 清泉初沸:把预先精选的纯净之水煮至初沸为佳。

5. 孟臣沐淋:用初沸的水冲淋壶身。工夫茶用茶多而水少,故宜增加壶体温度,以利于茶味、茶香的充分发挥。

6. 乌龙入宫:把茶荷中的茶叶倒入壶内,条形茶放于出水孔处,碎末茶放于靠柄处,以免碎末茶于斟注茶汤时塞住出水孔。入壶茶叶分量依宾客习惯酌情而定。

7. 悬壶高冲:冲注沸水时,宜先低且慢,并稍为圈转,旋即升高偏侧直泻,待水将近壶口,再放低放慢,使得壶内的茶叶翻转滚动而全部着水,水则满而不溢。

8.推泡抽眉:用壶盖把壶口上面的泡沫推掉。"推",泡沫才不会附着于盖内。推后把壶盖盖下,泡沫自然全部溢出。

9.重洗仙颜:用沸水向壶盖淋下,把附在壶身上的泡沫洗净,并以此增加壶的温度。

10.若琛出浴:茶叶入壶并经冲泡后,须一分钟左右始能品尝。此刻宜先烫洗茶杯,即用滚水依序注满各只茶杯。传统净法是把每只杯轮流侧立于注满水的杯内,以中指抵住杯底,大拇指扶于杯沿,并迅捷地向前推动轮转一二圈,把每个杯烫热洗净。改革净法是以夹子夹紧茶杯把水倒掉。

11.游山玩水(运壶):传统方法是将茶壶提起,沿着茶船边沿运行一二圈,避免附在壶底的余水于斟茶汤时渗入杯内。改革方法则是把壶在揋布上略顿一下,不但壶底的余水可以去除,壶具亦可避免磨损。

12.临瓯低斟:把壶的出水口挨近茶杯斟注,使茶汤不至泛起泡沫,亦可减少香气及热量之逸失。

13.关公巡城:将茶汤依序在每只杯中来回斟注,使杯杯茶汤浓淡均匀。

14.韩信点兵:茶汤将尽未尽之时,色味最浓,故此时宜将壶中尚存之茶汤精华依序均匀地逐滴注入各只杯中。

15.三龙护鼎:用拇指和食指轻轻扶着杯沿,将茶杯从茶船中提起,并以中指顶着杯底。

16.喜闻幽香:在鉴赏杯中汤色之后,将茶杯端至鼻端,或近或远,或左或右,嗅闻馥郁芬芳气味。

17.细品佳茗:一杯茶汤,分几口啜饮,徐徐咽下,细品浓厚甘醇韵味。

18.重尝余韵:饮后将空杯置于鼻端,再次嗅闻杯底的余香,使品饮功效致用无余。

19.七泡余香：在实践中，工夫茶以二至四遍的韵味为最佳，而七泡之后尚甘甜可口，故宜尽情品尝之。工夫茶之品尝技艺于销区尤为讲究。《清朝野史大观》载："中国讲究烹茶，以闽之汀、漳、泉三府，粤之潮州府工夫茶为最。"郑成功收复台湾后，闽南及潮汕地区的乡民大量移居台湾，故工夫茶在台湾亦同样盛行。台湾史学家连横写的《台湾通史》载："台人品茶，与中土异，而与漳、泉、潮相同。盖台多三州人，故嗜好相似。茗必武夷，壶必孟臣，杯必若琛……"

随着社会的发展，工夫茶不仅烹茶器具有了许多的变异，其闲情逸致的品饮程序也不适合时代快节奏的生活步伐。品饮习惯虽不必因循守旧，而趣好亦可各适其宜，然而对于乌龙茶的品尝，仍有不可忽视的两个基本条件，即所用以冲沏的水，务必是纯净而温度较高者（第一次冲泡时能使茶汤泛起泡沫的水温即可）；所用的壶或杯，切忌用无盖者。掌握好这两个条件，按照上述步骤沏泡，就可以达到欣赏乌龙茶香味俱全的目的。

工夫茶"四宝"

对于茶叶沏饮方法之讲究,历来以乌龙茶最为周备。沏饮时,不但注心于品尝茶叶的形、色、香、味和沏泡的操作艺术,而且对茶具更有一番精心的讲究。所以历来就有烹茶"四宝"之说。

玉书碨

"玉书碨"是一种陶制的烧水壶,形状圆扁,口底小而肚大,盖薄,有短的出水管和手柄。因相传出自一位名叫玉书的创作名匠之手,故名"玉书碨"。此外,另有一种传说:从前有个制陶设计师制成此碨后,邀请几位茶友命名,茶友见此碨烧出的水清澄澈净,冲茶时状如玉液输出,遂称之为"玉输"。后人认为"输"字不吉祥,便取其谐音而称"玉书"。玉书碨以广东潮州枫溪制造者较著名。水开时,薄而小的顶盖可随蒸汽的冒出而掀动,发出"扑、扑、扑……"的声响,这时的水温泡茶最适宜。

孟臣壶

宜兴陶业,据传是 2400 多年前曾任越国大夫的范蠡所始创,故范蠡被后人奉为陶业的始祖。然而从事紫砂陶的艺人则奉一位异僧为制陶开创者。据传,五色土的紫砂陶泥是这位僧人指点发现的。最早制作紫砂壶的是明代正德年间宜兴东南 40 公里处的金沙寺和尚。和尚从陶工习得一手陶艺,为适应当时散茶的冲泡品饮,遂用紫砂细泥捏成圆形坯胎,加上壶嘴、柄、盖后,置入窑中烧制,竟烧成一只形态雅致的茶壶。因和尚所制作的茶壶皆无落款,时人称之谓"无名壶",后人亦因而常常难以辨别真伪。

相传金沙寺僧制壶的技术不肯外传,当时四川学宪吴颐山适在金沙寺读书,其家僮供春(原名龚春)便巧仿寺僧的制壶工艺,捏成几把茶壶坯模,并以寺旁银杏树的树瘿作为壶身表面的纹饰制成"树瘿壶",后人则以"供春壶"或"龚春壶"称之。因此壶制作时采用手指按捏,故烧成后壶身遂留有指螺纹的痕迹。吴颐山看到供春所制作的茶壶后,对其质朴古雅的形态十分赞赏,遂邀请当时的社会名流加以鉴赏。不几年,供春遂以制壶著名,并被誉为造壶的艺术大师,有"信陶壶之鼻祖,亦天下之良工"的雅称,可惜其作品能流传后世者可谓凤毛麟角。1928 年,宜兴收藏家储南强在苏州冷摊上偶得一只无盖的"供春壶",并请著名的紫砂艺人裴石民配制了壶盖。据查,此壶曾经为清同治进士、收藏家吴大徵收藏,被认为是一件最可靠的供春壶。新中国成立后,储南强将这把供春壶赠送给北京中国历史博物馆收藏,成为馆藏名壶珍品之一。

龚(供)春后,有董翰、赵梁、元畅、时朋(鹏)等合称四大家,同时尚有李茂林名家,仍沿用龚春制壶之法。其后有"壶家妙手称三大"的名手,即时大彬、李大仲芳、徐大友泉也。到 1621—1627 年(明天启年间),出现名列"四大名壶"的"孟臣壶"。惠孟臣,宜兴人,是时大彬后一名手,其所制多为紫砂水平壶,有圆、扁、束腰、平底等造型,以小壶著称。壶底勒有"孟臣"印记,外观雅致而风格独特,乃是历来茶人沏泡工夫茶乐于使用的壶具。惠孟臣后来做了官,故后世称此种茶壶为"孟臣壶"或"孟公壶"。清代施鸿保《闽杂记》载云:"漳泉各属,俗尚工夫茶,茶具精巧,壶有小如胡桃者,名孟公壶;杯极小者,称若琛杯。"1832 年,周凯在《厦门志》载:厦门"俗好啜茶,器具精小,壶必曰孟公壶,杯必曰若琛杯"。台湾史学家连横(1878—1936 年)亦在《雅堂文集》中说:"台人品茶,与中土异,而与漳(州)、泉(州)、潮(州)相同。盖台多三州人,故嗜好相似。茗必武夷,壶必孟臣,杯必若琛。三者品茶之要,非此不足自豪,且不足待客。"可见沏泡工夫茶缺不得孟臣壶,因此后世仿制者甚多。

若琛杯(瓯)

若琛原系清初江西省人氏,以善制瓷器知名,其作品质轻而坚,注入茶汤后持之不热而香留瓯底,故此深得时人赞誉。清代张心泰《粤东小记》云:"潮郡尤嗜茶……以孟臣制宜兴壶,大若胡桃,满贮茶叶,用坚炭煎汤。乍沸泡如蟹眼时,瀹于壶内,乃取若琛所制茶杯,高寸余,约三四器,匀斟之。"

从上述记载,亦可说明当时广东茶人对若琛杯之喜闻乐见。现在茶人泡乌龙茶喜用的茶杯,大如半个乒乓球,胎质白如玉,薄如纸,造型小巧玲珑,瓯中茶液之浓淡或浑浊,视之一目了然,乃是鉴赏茶叶的良器。若琛瓯真品虽至今仍有流传,但多作为文物古玩予以珍存,而可供民间品茶使用之杯器,则以江西景德镇和潮州枫溪所产者为佳。

大壮炉与潮汕烘炉

　　工夫茶盛行初期,使用漳属南靖县马坪人许大壮所制的烘炉。此炉以白土制作,色如施粉,雕刻华丽工致,人称之"大壮炉"。潮汕烘炉选用红泥土烧制,器身通红古朴,炉胆小而炉身高,置炭炉内,有火力集中之特点,且因附有炉盖、炉门,又便于调节火温,实用性优于"大壮"之炉。这便是今人只知有"潮汕烘炉"而不知"大灶炉"的原因。

厦门饮茶风尚

在闽南和潮汕一带，人们都把茶叶称为茶米。为什么叫茶米？意思是说在人们生活中，茶与米都显得同样的重要。早在 1000 年前，宋代王安石在《义茶法》中就说："夫茶之为用，等于盐米，不可一日以无。"顾元庆在《茶谱》中则说："人饮真茶能止渴、消食、除痰、少睡、利尿、明目、益思、除烦、去腻，人固不可一日无茶。"陈藏器《本草拾遗》云："诸药为病之药，茶为各病之药。"故自元代以来就有"早起开门七件事，柴米油盐酱醋茶"之说。西北少数民族地区有谚语："宁可三日无粮，不可一日无茶"、"一日无茶则滞，三日无茶则病"。茶叶在中国先民生活中的重要地位，使得历代皇朝十分注重控制西北茶叶贸易，并实行"以茶治边"、"茶马交易"的茶法政策。到了现代，实践的延续性更进一步促使科学家们用科学分析的手段来证明饮茶具有缓止动脉硬化、防止原子辐射和癌病侵袭的功用。难怪饮茶之风已不仅只是国人之风，而且风靡于五大洲。

厦门人民很早就认识到饮茶有益人体健康。现在不但多数家庭皆设具品饮工夫茶，在全市各个角落还设"茶桌仔"、早茶店和茶艺馆。

一、厦门的"茶桌仔"(茶馆、茶摊)

　　厦门本岛虽然没有生产茶叶,却是中国最早由海路出口茶叶的重要港口,是当时闽台茶叶贸易的集散地。地理环境上的这种机遇,使得这个南方小城形成了品茗斗茶的习俗。清道光《厦门志》载:

　　　　俗好啜茶,器具精小,壶必曰孟公壶,杯必曰若琛杯。茶叶重一两,价有贵至四五番银者。文火煎之,如啜酒然,以饷客。客必辨其色、香、味而细啜之,否则相为嗤笑,名曰工夫茶,或曰君谟茶之讹。此夸彼竞,遂有斗茶之举。

　　可见厦门茶文化已具有悠久的历史。厦门虽属"弹丸之地",但在1949年以前,仅市区经营的茶店多达40多家,这在全国是少见的。那时候,从第一码头到厦门港,从海口到禾山,大街小巷,号称"茶桌仔"的饮茶店家鳞次栉比,人声鼎沸。海外华侨、往来商旅和广大的劳动人民无不乐意三五成群、谈笑风生地在此文化场所中品尝"工夫茶"。现在的轮渡码头、鹭江宾馆一直到海滨大厦一带,当时还是一片木屋和空地,每当夏天夜幕降临,许许多多的经营者就在这里摆起了简易的茶摊来招待乘凉和过往的游客。人们聚集在这里品茶,欣赏海上迷人的夜景,耳闻涛音,口生香津,别有一番乐趣。

　　当时,厦门"茶桌仔"规模比较大的有大王、二王讲古场和二舍庙、局口街、养真宫、五湖、曾姑娘巷、大井脚、厦港福海宫、鼓市场、江头街、浮屿一带等处所。这些"茶桌仔"泡用的茶叶,大部分是武夷岩茶中的老枞水仙、三印水仙,配以俗称为"小种罐"的宜兴壶,由技艺娴熟自如的茶博士操壶款客,把武夷岩茶的幽香真味尽注于瓯中。为了招揽顾客,"茶桌仔"有时特意请来艺人说书,有的同时举行象棋表演赛,有的兼办南乐清唱或演唱现代歌曲。于是茶客们便一边品茶吃糕点，一边欣赏着艺人的表演。新中国成立后，"茶桌仔"相当长的一段时间内已鲜复可见，那些经营者有的走上新的工作岗位，有的在实行合作化后已另行组成了饮茶室。到了"文化大革命"，饮茶室遂被列为"资产阶级闲情逸致的场所"而予以取缔。于是饮茶的传统习惯似乎只能在家庭之中得以延续了。然而也仍然有一些人把泡好的茶水装在热水瓶里，拿到闹市的巷口或马路边出售，这大约亦可视为厦门"茶桌仔"之风一种勉强的延续罢。

1980年厦门实施对外开放政策以后，国际友人、海外华侨和港、澳、台同胞频繁地来到了这个名扬海内外的乌龙茶口岸，许多人很想在这里品尝一下地道的、品质优美的乌龙茶。为了适应广大爱好者的需求，饮茶店又相继应运而生。现在不但大街小巷遍设茶馆，在旅游景点亦备有茶室，供人小憩，品用佳茗。林泉幽美的太平岩上的"茶人之家"就是其中之一。"茶人之家"不仅内设品茗雅座供应名茶糕点及提供茶叶咨询服务，而且展览茶叶和有关文物，成为宣传"两个文明"、进行茶艺交流和供游客休息的幽雅场所。每到旅游旺季，人们接踵而至，往往出现座无虚席的热闹景象。

二、早茶与茶艺馆

随着厦门经济特区进一步对外开放和发展，前来本市投资办厂、洽谈贸易和旅游探亲的人日趋频繁。为了迎合各方人士的爱好和丰富厦门的饮食文化，厦门华侨大厦于1986年底首创粤式早茶营业。继此，早茶之风遂如雨后春笋般地在各大宾馆、酒店和酒家先后出现，乃至遍布了全市各个角落，成为一种消费者乐意涉足、生意十分兴隆的行业。老式"茶桌仔"饮茶配以简便的糕点,既品茗消闲,又洽谈生意;粤式早茶则配以丰富的甜咸点心系列,往往被当今居民家庭作为一顿美好的早餐或用来款待自己的亲朋戚友。

其实,早茶之风在闽南、潮汕一带早就盛行,而且是一种名副其实的喝早茶。相当多的人在早晨起床后,最先做的一件事就是动手烧水泡茶。它已成了生活中一件习以为常的程序。人们或先喝茶而后吃早餐,或不吃早餐而在饮茶时有选择地配以油条、炸枣、糕仔、面包等食品。现在,这两种不同形式的早茶,同时在喧闹沸腾的餐馆和幽静和祥的家庭内盛行。

1987年,台湾当局开放居民往大陆探亲和允许商人在大陆投资办厂后,台湾有识之士遂把目前台湾盛行的茶艺馆移植到本市。自20世纪90年代起,先后在市区繁华地段的思明北路、中山路、局口横巷……以及新区的各个角落开办了数以百计的茶艺馆。

茶艺馆最显著的特征是把具有浓厚色彩的文化传统与鲜明的现代化社会气息融为一体,其沏饮方式与老式茶馆一样,以品饮工夫茶为主,而场所的装饰、茶具的使用和品饮气氛则随着时代潮流而有许多新意。茶艺馆里一般排列着七八张茶桌,或隔成五七间小房间。房间内配以古色古香的红木桌椅,或以时髦明亮的玻璃桌和沙发椅,并普遍采用了空调设备。墙壁上则悬挂着富有民族风格的名人书画条幅,茶桌上放置的是具有传统风格的紫砂壶、若琛杯和公平杯、闻香杯,此外还有精致的酒精炉和款式先进的玻璃开水壶。

现代茶艺馆,由茶艺小姐先表演工夫茶的沏泡方法,然后由客人酌便自沏自饮。整个茶艺馆从色彩到空间充满着一种宁静、幽雅的环境氛围,"结庐在人境,而无车马喧"之感油然而生。在这种环境里,把盏品尝佳茗,佐以茶点,聊天叙旧,抚今追昔,逍遥自在,实是繁忙的都市生活中一处休闲的好地方。

现代茶艺馆以品茶为主体内容,重视品茶的空间氛围,为此它的风格也就与时下宾馆、酒家盛行的、具有餐饮性质的、喧哗拥挤的早茶方式存在着明显的反差了。但无论是早茶馆或是茶艺馆,它们都在不同角度保留着旧时代的某些遗风,并且在改革开放新形势下为厦门茶文化增添了新的内容,把饮茶风尚推向一个更高的层次。

当具有"现代化"口味的饮料品种层出不穷并兴衰互替之际,唯有"茶"这个古老的形象,几千年来一直根深蒂固地活跃在人们的心口之中。

风靡新马的肉骨茶

从文献资料上可以看到,中国东晋时期以来的所谓"茶果筵"、"分茶筵",乃是一种以品茶为主而佐以餐果等食物的一种饮食社交方式。至于"肉骨茶"(亦称"排骨茶")此一名称,在国内也就远非是"众所周知"的了。1986年,在马来西亚首府吉隆坡参加国际博览会时,有机会品尝到这一有口皆碑的美食,可以说是大大地开阔了眼界。

中国湖南的蛋茶,乃是以鸡蛋熬煮于茶水之中。但肉骨茶却不可以此类推,它实际上是一种烹饪骨排为主食而佐以品尝中国乌龙茶的综合性食谱。据了解,肉骨茶之经营是老式乌龙茶馆式微以后在饮食领域里兴起的一种风格独特的行业。它以风味特佳、供用便捷及经济实惠的特色赢得新、马民众的垂青。它从脱颖而出到大显身手,从设备简陋和场地不雅的地方到进入现代化的酒楼餐厅,现在已风靡新加坡和马来西亚大小城市,成为脍炙人口的早餐小吃和宴请外宾的名点。

肉骨茶食谱中骨排的制作,在比较高档的专业餐馆里,显得特别考究。其法式大体有三:

其一是精选佳鲜厚实的猪排,先去净所附肥肉,后将整片猪排切为若干小片段,投入滚水中蒸煮几分钟,捞起候水滴干待用。

其二是俟顾客光临就座时,立即按需求量把煮过的骨排片段,纵剖横切为一根根长约七八厘米、宽约二三厘米的长方形体。

其三是再把上述长方形骨排片和鲍鱼、菜料与掺有归芪等 10 多种补品、香料和已炖熟的猪脚肉一齐投入带柄的敞口陶锅中煲至熟烂。

至此,一盆汤汁可口、风味独特的美食佳肴,便可以热气腾腾地端上雅座了。一般大排档只将骨排滚煮,待水滴干后即一根根切成片段,并立即投入汤头中蒸煮,一俟顾客就座,便按需求量与猪脚肉分别送上客席。此法虽呼之即来,供应更为便捷,但比起前一种做法,风味便难免相形见绌而稍逊一筹了。

不过,这经过精心制作的猪排骨也仅仅是肉骨茶食谱中的一个组成部分而已。事实上,每当顾客在一张张配有开水壶和炭火陶烘炉的餐桌边就座以后,便有笑容可掬的招待人员上来招呼照应,先是端上洗净的茶壶茶杯,次之询问品尝何种茶叶及骨排的需要量和佐料,接着又端上一二碗归芪肉骨汤原汁和一碟剪切成段的炸油条。于是当厨师们正在精心烹调骨排的时候,顾客们也开始忙碌起来了,他们一面嚼吃着蘸了归芪汤汁的炸油条,一面自己动手调节着烘炉的火候,用滚沸的开水冲泡着自己携带或由店家供应的乌龙茶,在演练传统的工夫茶技艺中自适其乐。待到热腾腾香喷喷的猪骨排端上餐桌,每人再供上一碗又白又嫩的米饭,便出现了以茶佐餐,以餐带茶的热闹氛围。吃了细嫩鲜甜的骨排和猪脚肉,倍加触发了人们对于传统工夫茶的饮兴,而品尝浓厚甘醇的乌龙茶,则令人爽口舒神,油腻全消,助长了对于佳肴美味的食欲。美馔佳茗互相融合,风趣横生,往往使客人们肉饱茶足犹流连忘返。

由此可见,经营者们对这一备受推崇的综合食谱的安排程序,也可谓是独具匠心的了。难怪他们每天从凌晨三四点钟便开始了紧张的备料工作,以便及时满足早班顾客的需要。马来西亚是一个信奉伊斯兰教的国家,其民不吃猪肉,有些经营者遂因人而异地把猪排改为鸡肉或鸭肉,烹出"鸡骨茶"或"鸭骨茶",既满足了各方人士的需求,又扩大了销路。

肉骨茶源于吉隆坡附近的巴生市。据传,20世纪40年代,巴生有一位祖籍福建的中医师,为了给小孩吃中药汤,尝试了多种方法都无法使小孩自愿服用。一天,他在厨房煎中药时,灵机一动,将一些猪排骨和菜肴加入中药内煲成汤,结果小孩把它吃得精光。之后,他再做多番调配与尝试,终于制成风味独特的肉骨茶。于是肉骨茶像雨后春笋般地出现在新、马城市的每一个角落。如今,这一食谱的制作仍推巴生为上乘,难怪许多爱好者往往不惜路途遥远而驱车前往,以品尝到巴生正宗的真味为快事。肉骨茶风行新、马历久而不衰,自然也就成为中国乌龙茶销售的重要渠道。这一点,不能不是茶叶界值得庆幸和进一步关注的事情。

乌龙茶奇趣品名

　　乌龙茶被认为是一个比较独特的茶类，其一是以品种分类进行种植、采制、加工和销售。因品种繁多，品名也无奇不有，或以地形得名，或以典故取名，或以树形、叶形、香型、韵味、色泽等命名，其中有些品名的来历奇幻优美，是茶区人民茶余饭后辗转传述的佳话，报刊杂志也时有选登，现搜集整理于下。

大红袍

　　产于武夷山天心岩九龙窠岉突崖端，腰隙沿崖凿石为阶，砌石负土成台。峡谷两旁岩壁高耸，日照短，气温变化不大，尤其巧妙者乃岩壁上有一条狭长的石罅，汇秀润的甘泉与苔藓石锈于茶地，因而土壤润泽肥沃。生存于此种得天独厚与天赋不凡的独特环境中的大红袍，株高达2米，叶厚近椭圆形，齿幼细，先端略钝下垂，叶缘向面，幼叶粉紫红亮。古时采摘大红袍，需焚香礼拜，设坛诵经，并使用洁净器具，由老练茶师负责采制，视若神明而崇仰有加。经精心制作的大红袍成品，香似兰花之韵，味则甘泽清醇，耐冲泡。叶底艳厚光润，边红中绿，品质之优，为武夷名枞之最，被誉为"茶中之王"，名闻天下。

　　据《武夷山历代茶名考》记载，大红袍这一名枞，始见于清代早期，属天心岩永乐禅寺所有。民国年间,有一吴姓县官在石崖镌刻"大红袍"三字,并命人凿石为阶,以方便上下。谁知不消几天,茶树叶子被人采去不少,寺僧惊恐,星夜呈报,吴县长急命人将石阶凿平,才使大红袍免遭劫难。日后采茶时,只得靠扶梯上去。由此大红袍世代在民间流传着许多美妙神奇的故事。

(一)

传说古代有位书生赴京考试,途径武夷山时,身患急疾,因得寺僧赠茶,饮而即愈。尔后,这位书生赴京考试,名列前茅。书生在回乡再次途经武夷山时,为了报答寺僧赠茶之恩,把身上穿的红袍披在茶树上敬拜,后来,人们就把这棵茶树生产的茶叶称作"大红袍"。另一传说,书生金榜题名后,被皇上招作驸马,但驸马天天闷闷不乐。一日,皇上问他何因,驸马即以赴考途经武夷山患病之事禀告,意欲往武夷山谢恩。皇上即命驸马为钦差大臣,前往武夷山,惊动了当地官民。驸马为报答寺僧赠茶救命之恩,差人把天心寺庙修葺一新,并带一盒茶叶回京。到京时,见宫廷一片忙乱,当知道皇后因终日肚疼鼓胀延医无效时,即向皇上说:"臣带回九龙窠神茶一盒,能治百病,敬献皇后服用。"皇上接过茶叶说:"倘若此茶能使皇后康复,寡人一定前往武夷山赐封、尝茶。"说也奇怪,皇后饮了这茶后,稍停片刻,痛止胀消,身体渐渐复原,皇上十分欢喜。驸马乘兴请皇上往武夷山尝茶,然"国不可一日无君",皇上即将一件大红袍交给驸马,由他代表自己前往武夷山。驸马到武夷山后,将皇上的大红袍披盖在这茶树上,并加以敬拜。说也奇怪,当红袍掀起时,茶树叶子变粉红色了。从此,这茶树遂称"大红袍"。

(二)

前清有一县官,久病难医,天心寺和尚以九龙窠半壁上的茶树采制的茶叶敬献。县官饮用数次,病即痊愈。县官疾愈后,遂亲临茶崖,将身上红袍披在茶树上,敬香礼拜。从此,这株茶树就被称为"大红袍"。

(三)

武夷山九龙窠半天腰长着一棵茶树,人莫能登。据说:和尚以驯养的猴子穿着红衣攀登采摘,制后品质特别优异。因猴子穿红袍采摘之因,遂称这茶为"大红袍"。新、马及港澳地区销售一种"马骝密"茶,据说该茶性寒,只要加入一二叶于乌龙茶中泡饮,其降火功效尤为显著。粤语"马骝"是猴,"密"是采,意为猴采的茶。一南一北,如出一辙。

(四)

说不清什么年代,武夷山发生大旱,山北慧苑村有位年过半百的孤身老大娘。一日,上山采摘了些树叶,熬了一碗汤,刚想要喝,忽闻门外有"哎哟"之声传来,老大娘出门一看,石墩上坐着一位拄着龙头拐杖的白发老头,喘着粗气的嘴唇裂开了。老大娘把他扶进屋内,把刚熬好的树叶汤请他喝了。老头喝完后,顿时红光满面,神色复然,对大娘说:"感谢你救了我,无以为报,且将这龙头拐杖送给你。"又说:"你挖个坑,把拐杖插上,再浇碗清水,它会给你带来幸福。"老大娘一转头,白发老头不见了,只见一个身穿大红袍的道人驾云而去。老大娘知道遇到了神仙,依照叮嘱,在院里挖一个坑,插上龙头拐杖,浇碗清水。第二天清晨,老大娘起来时一看,立刻惊呆了,龙头拐杖已长成一棵大茶树,发满嫩芽。老大娘把它摘下,熬了一大锅茶汤,请乡亲们喝饮。乡亲们喝完后,多日来吃在肚内的野菜杂草顿时都消了,人人口笑颜开,说这茶树是"神茶"。

消息传到京城,皇上派人把这棵茶树连根挖去。皇帝得到神茶后,请文武百官举行尝茶盛会,并要亲自采摘。当皇帝伸手时,茶树长高了,用椅、长梯都采不着。皇帝气怒之下,下令砍掉茶树,巨斧一砍,茶树应声倾倒,压塌了皇宫,压死了皇帝。这时空中飘来一朵红彩云,围着茶树绕了三圈,茶树竟连根带须飞出京城,飘到老大娘院里绕了一圈,然后飞进九龙窠"宝地"半天腰的岩壁上。老大娘跟红彩云到半天腰,爬上岩壁上一看,原来她种的那棵茶树已变得红艳艳。从此,人们称之为"大红袍"。难怪范仲淹写的《斗茶歌》说:"溪边奇茗冠天下,武夷仙人从古栽。"

奇　种

武夷茶品种繁多,过去有人曾对慧苑岩进行过调查,该岩有881个不同品种。可见武夷茶的品种是多么丰富。这样繁多的品种,除水仙品种外,全部称"菜茶"或"奇种",其优异者选称名枞或单枞。因品种不同,树高者丈余,矮者一尺,势有披张者,亦有直立者。叶有细长、椭圆或大如水仙。面有皱缩、平直、光滑、粗糙的不同,叶齿、叶脉亦各有差异。关于菜茶与奇种名称,有一段有趣的传说。

传说武夷山在干旱之年,村人上山挖野菜时,突然有一大鸟飞来,从嘴里丢下一粒全绿色的珠子,并说:"这是观音菩萨赐的茶籽,生长后,叶可充饥和治病。"说完就飞走了。过了几天,种子发芽并长成枝叶繁茂的茶树,大家就采叶嚼吃,吃后顿觉精神倍爽,连吃几天,肚子里积滞的野菜也消化了。为了便于吃用,大家把茶树结的籽拿回到房前屋后种植,像种菜一样,要吃就随手采摘。"菜茶"名称由此而产生了。

由于这种种籽是"仙鸟"送来的,确实是件稀奇的事,大家另给它取名"奇种"。由于武夷山各处环境、气温、土壤等各不相同,因此,同样的种籽种植出来的茶树也不一样,形成了今天武夷山有那么多风采多姿、品质各异的品种。

水　仙

水仙茶树属半乔木,高数尺,枝条直立,叶长大椭圆,芽肥质脆,平展有光泽。叶尖钝,叶距大,齿深而疏,鲜有结果。采制后,条形肥壮,棕叶蒂,蜻蜓头,青蛙皮,称钩耳。香似兰,味甘甜醇厚,是广大消费者喜爱饮用的品种之一。其身世有一段巧妙的传说。

传说清康熙年间,瓯宁县禾义里陈田社(现属建阳县小湖公社大湖大队)有个大山坪,坪后有座岩义山,山上有个祝桃仙洞,当地农民称仙人洞。洞边泉水潺潺,四周皆植桃树,其间夹有茶树,叶粗长,味似水仙花,因此取名"水仙"。

另一传说,1821 年,有位泉州姓苏的人住在大湖,一日上山途经桃子岗祝仙洞,发现一棵开白花的树,似茶非茶,他就采摘些叶子回来试制,果然清香可口。于是他就把这棵茶树移植到西干前,取名"祝仙"。当地"祝"、"水"同音,遂传为"水仙"。

两种传说近似。水仙茶树开花不结籽,当初苏氏用长穗扦插法很难繁殖,后因其房屋门前的土墙崩倒,把茶树压住。当他要移植茶树时,发现压在土堆里的枝条已经发了许多根须,悟得了压条繁殖的方法,于是开始大量繁殖。大约于光绪年间传入武夷山,其成品称武夷水仙。由于武夷山优越的天然生态环境,品质优于原产地。1918 年传入永春虎巷,其成品称永春水仙,或称闽南水仙。

白鸡冠

产于慧苑东岩鬼洞窠,石锈泉水、土壤和天然的环境,相得益彰,故窠中名枞特多。而白鸡冠香味特高,滋味甘滑,品质优异,是岩茶中名贵的名枞。但近年在武夷宫文公祠后山,发现白鸡冠茶树,故传说此为原产地。两地植株性状相似,叶长椭圆形,叶缘略面卷,先端渐尖稍钝,叶色浓绿有光泽,锯齿稍密而钝,嫩叶薄软,色黄或浅绿微黄,与浓绿老叶形成鲜明的两色层。白鸡冠比大红袍驰名还早,与大红袍、铁罗汉、水金龟并称为武夷四大名茶。明清时充作御茶,朝贡皇帝饮用。它的品名有段有趣的传说。

(一)

据传,当时有一知府携眷往武夷,下榻武夷宫,其子忽染恶疾,腹胀如牛,医药罔效。有一寺僧献上佳茗一杯,知府啜之,韵味特佳,遂将该茶授其子,子病即愈。问其名,僧答白鸡冠。于是奏于帝,帝尝之大悦。敕寺僧守株,年赐银百两,粟 40 石。每年封制以进,遂充御茶。

(二)

从前,武夷山有一位茶农,他在岳父生日时带上家里饲养的一只大公鸡前往祝寿,途中停下休息,把公鸡放在茶树下荫凉处。休息片刻,听见公鸡惨叫一声,回头一看,公鸡翻滚挣扎并断了气,鸡冠血流如注,洒满了茶树的头部。原来公鸡的鸡冠是被一只大蜈蚣咬破的,这茶农既心痛又气愤,也不去岳父家祝寿了。说也奇怪,这茶树自淋下鸡血以后,长势特别旺盛,生长出来的叶子不像原来那么浓绿而变成米黄色。炒制后的成品,米黄中又呈乳白,香味俱佳。因此,人们遂把这棵茶树称为"白鸡冠"。

水金龟

四大名枞之一的水金龟,叶长椭圆形,尖稍钝,叶片平展,叶肉尚薄,色绿油光,侧脉较细欠明,齿深疏,品质优异。此茶有段有趣的历史,相传此树原属天心寺庙产,植于杜葛寨下。有一年,武夷山大雨倾盆,峰顶茶园岸边崩塌,此树被冲至牛栏坑头之半山石凹处止住。后流水顺树侧流下,兰谷业主遂于是处凿石设阶,砌筑石围,壅土以蓄之。独特的环境,精心的管理,茶树长得枝繁叶茂,四时常青。张开枝叶,互相交错,远看似一格格龟纹,油绿的叶子则闪闪发光,宛然像一只趴在坑边的大龟,因此得名"水金龟"。1919—1920年,兰谷岩业主与天心寺业主为此树引起诉讼,耗资数千。因天然造成,判归兰谷岩所有,足见此茶之名贵。

不知春

不知春产于曼陀峰望东窠,砌石筑成,兀突崖端,受自然环境和土壤、气候的影响,每年武夷山首春茶叶将采完时方发新芽,香气清远,滋味甘泽清醇,色泽砂绿光润,是岩茶中的佳品。它的名称,有一段有趣的来历。据传,有位寒秀才,这年春天来到武夷山时,谷雨季节已过,头春茶早就采完。他在游武夷山的奇峰异岩时,突然间闻到一股奇异的香味,似桂似兰,直沁心脾。他顺着香味寻去,看见一棵茶树,满树还是浓绿的嫩芽,他一时发愣了,这茶树怎么到这时候才发芽,遂感叹地说:"春过始发芽,真是不知春。"这时,茶树的主人刚好要来采摘这棵茶树的茶叶,听到这位游客说这棵茶树是"不知春",觉得很有道理,心里想,多年来要给这棵与众不同的茶树起个恰当的名称,总是想不出来,不意今天这位游客出口成章,竟能使自己如愿以偿,于是以"不知春"为此茶树命名。

铁观音

铁观音茶树有红芽、白芽与竹叶之分。红、白芽铁观音,叶椭圆形、肥厚,尖端向左偏斜,色浓绿,齿钝整齐略粗疏。竹叶铁观音,叶长,不及红、白芽者肥厚,色近浓绿,齿钝较细密。优等铁观音茶,条形紧结,呈螺旋状,肥壮沉重,色泽青翠砂绿,油润有光,梗枝稍肥大,不脱皮。冲泡后,香气馥郁芬芳,如兰如桂,滋味浓厚、甘甜、鲜爽,有"绿叶镶边,七泡有余香"的美称。1982 年被商业部评为国优产品,名列全国首位。

铁观音茶树的由来,有一段美妙的传说。据传,1725 年(清雍正三年)前后,安溪松林头乡有一位茶农名叫魏饮(或荫,1703—1775年),制得一手好茶,为人朴实忠厚,虔诚信佛,每日清晨,必备清茶奉敬观音佛祖,数十年不辍。一夜,魏饮梦见自己荷锄上山,信步游玩,行至一巉岩,攀登而上,适遇石缝中有一茶树,高与人齐,枝繁叶茂,发出似兰的芬芳气味。正拟侧身采摘,突被犬吠声吵醒,心中暗自称奇。

第二天清晨,魏饮泡茶奉敬观音佛祖后,即循梦中途径前往,果见梦境中所见茶树,喜出望外。遂把芽叶采摘回家,按程序加工焙制。成品比一般茶沉甸,采用小壶冲泡,先敬观音佛祖,然后自己细细品尝,果然香气特高,滋味清甜爽口,觉得一生中还未尝过滋味这样好的茶叶。魏饮遂用压条方法培育新苗数株,待生根发芽后,截新苗种植于屋后。二三年后,枝干茁壮,叶芽繁茂,适时采摘焙制,经乡人品试,人人赞美。有一塾师尝到这从未喝过的好茶,问魏饮是什么茶?他把梦境及发现经过告诉塾师,并说生长茶树这块岩石形像罗汉,成茶又这么沉甸,拟把它取名"铁罗汉"。塾师说,你信奉观音佛祖,佛祖才托梦给你,应该取名铁观音为宜。魏饮连声说好,遂定名为"铁观音"。

另一说,铁观音茶树系尧阳王士让于 1736 年(乾隆元年)发现。乾隆六年(1741 年),让赴京师时携此佳茗奉敬礼部侍郎方望溪,侍郎将该茶转进内廷,乾隆饮后,甚喜。召让面圣,让介绍此茶系家乡南山之麓所产,因该茶美如观音,重似铁,乾隆皇帝遂赐名"铁观音"。

黄金桂

黄金桂原名黄旦(也称黄棪)。叶椭圆形或披针形,先端较尖,质脆。叶面平展,叶色金黄,叶片较薄。具有"一早、二奇"的独特品质。一早,即萌芽、采制、上市早。二奇,即外形黄、匀、细,内质香、奇、鲜。条索细秀匀称,色泽黄绿光亮,香气高强持久,芬芳迷人,滋味甘鲜清醇,奇特优雅,素以"一闻香气而知黄旦"而著称。故有"未尝天真味,先闻透天香"之誉。品饮之后,满口生香,回味无穷,令人神清气爽,心旷神怡。长期以来,黄金桂以其奇异独特的品格和上市早的市场优势,赢得了市场和顾客,倍受消费者的青睐。1982 年被商业部评为部优产品,1985 年又被农牧渔业部和中国茶叶学会评为中国名茶。

追溯黄金桂的成名史,一说是清咸丰年间,安溪县罗岩乡茶农魏珍路过北溪天边岭时,见有一株奇异的茶树开花,遂折下枝条带回家中,插于盆中。后用压条方法进行繁殖,经精心培育与单独采制后,请邻居进行品尝,其香特佳,未揭杯盖香气已扑鼻而来,因而称之"透天香"。一说其身世与名称与一位佳人婚姻、芳名有着微妙的瓜葛。据传,1860 年安溪县罗岩乡灶坑村有位青年叫林梓琴,娶西坪乡珠洋村王氏暗淡为妻,当地婚姻习俗,在"对月换花"时,新娘从娘家带回婆家的礼物中,必须有"带青"(植物种苗),寓意新娘到婆家后,像种苗牢固地扎下根,并为婆家繁衍后代。王暗淡的"带青"是一棵野生茶苗,带到婆家后,把它种植于祖厝边的园地内,夫妻两人细心培育。冬去春来,茶树长得枝繁叶茂,经采摘焙制,成茶色泽黄绿,香奇似桂,滋味鲜爽,众口称赞不绝,遂用压条方法进行大量繁育。原树至 1966 年树龄已逾百年,高 2 米多,主干直径约 9 厘米,树冠宽 160 多厘米。1967年,因建房移植而枯死。由于王暗淡由娘家带来的茶树,黄绿与众不同,自成一格,遂以其特征与来源取名黄旦(旦与淡音同,闽南人称戏曲中的女主角为小旦,寓意茶美如小旦)。又因色泽金黄,味香似桂,故以黄金桂(黄金贵)作为商品茶名称。

梅　占

梅占树姿直立,叶长椭圆形,叶色深绿,叶面平滑内折,叶肉厚而质脆,叶缘平,锯齿疏浅。原产安溪三洋、芦田。其由来有两种传说:

一说是 1810 年(嘉庆十五年)前后,三洋农民杨奕糖在百丈坪田里干活,有位挑茶苗的老人路过此地,向杨讨饭,杨尽情款待,老人以三株茶苗赠送。杨把他种在"玉树厝"旁,精心培育,长得十分茂盛。采制成茶,香气浓郁,滋味醇厚,甘香可口。消息传开,大家争相品评,甚为赞赏,但叫不出茶名来。村里有个举人根据该茶开花似蜡梅的特征,将其命名为梅占。

另一说是 1821 年(道光元年)前后,芦田有一株茶树,树高叶长,不知其名。有一天,尧阳王氏前往芦田拜祖,芦田人特意考问王氏那株茶树何名,王氏一时答不出来,抬头偶见门上有"梅占百花魁"联句,遂巧取"梅占"为名。

冻顶乌龙

冻顶是山名,在台湾南投县鹿谷乡,为凤凰山支脉。常年多雨,山坡滑溜难行,居民上山采茶,务须蹑紧趾尖,(台湾俗语称"冻脚尖")才能上得山头,所以称这座山为"冻顶"。有人认为"冻顶"是因为严寒冻冷而得名,其实冻顶山年平均气温约 20℃ 左右,气候凉爽温和,乃是适宜茶树生长和茶叶制作的环境。冻顶山种植的茶树皆属乌龙品种,因此得名"冻顶乌龙"。因为品质优异,故在当地享有"凤凰山中水,冻顶乌龙茶"之美誉。冻顶乌龙的制作与包种茶相似,并与文山包种茶称为姐妹品,但文山重清香,冻顶则以滋味醇厚,喉韵强,具沉香见长。此种汤水色味的差异,乃是制作中因焙火时间和团揉程度之不同所造成的。

附录一

古今茶诗

范仲淹《和章岷从事斗茶歌》译注

范仲淹《和章岷从事斗茶歌》原诗录自《四部丛刊·范文正公集》。范仲淹,字希文,谥号文正,江苏吴县人。北宋政治家、文学家,官至参知政事(相当于副宰相)。该诗乃唱和之作。视内容,范公似曾到过闽北,但尚未见有关资料。

年年春自东南来,建溪先暖冰微开。
溪边奇茗①冠天下,武夷仙人②从古栽。

年年的春天都从南方送来,因为建溪的水最先感到温暖,冰雪也最先融化成水。建溪岸边珍奇的茶丛是天下最著名的,传说它是由"武夷君"在遥远的古代栽种下来的。

①茗:指茶。
②武夷仙人:当指"武夷君",此山之神也。

新雷昨夜发何处？家家嬉笑穿云去。
露牙^①错落一番荣，缀玉含珠散嘉树^②。

　　昨天夜里，初发的春雷从哪个角落传来？采茶人家开始笑着闹
着，穿梭来往在武夷山的云雾里。那沾满了露水互相交错的茶芽，呈
现出一番繁茂的景象，像宝玉珍珠点缀在美好的茶树上。

　　①露牙：沾露水的茶叶。"牙"通"芽"。
　　②嘉树：陆羽《茶经》："茶者，南方之嘉木也。"此处当作茶的美称。

终朝采掇未盈襜^①，唯求精粹不敢贪。
研膏^②焙乳^③有雅制，方中圭^④兮圆中蟾^⑤。

　　人们忙碌了一个早晨，还采不满一裙子，为的只求精摘细采，不在
贪多务得。研膏茶和贡团茶都有精巧的制造方法，茶团的制作要做到
方形的跟玉圭一样，而圆形的像明月一般。

　　①襜：围在身上裙子。
　　②研膏：研膏茶。属团饼茶，茶叶蒸碾后压成茶饼，在茶饼上涂一层珍膏
油，有青、黄、紫、黑之分。茶饼中有孔洞，十余饼串为一串。
　　③乳：宋代贡茶有十个品种，即龙茶、凤茶、京挺、的乳、石乳、白乳、头金、腊
面、头骨、次骨，其中三个有"乳"字，指建州团饼茶。
　　④方中圭：方，方形。中，附合。圭，古代长方形的玉器。谓制成长方条状
的茶块，形如玉圭一样。
　　⑤蟾：古人谓月亮中有金蟾，后以金蟾或蟾代称月亮。"圆中蟾"谓制成圆
状的茶饼如月亮那样圆。

北苑①将期献天子,林下雄豪先斗美。

鼎磨云外首山铜②,瓶携江上中泠③水。

这些建州产制的珍品,要按期贡献给皇帝,退居林下的雄士豪客,却先在品评茶品的高低。焙茶的鼎用高山产的首山铜铸成,煎茶的瓶子盛的是中泠泉的泉水。

①北苑:古时皇宫之北设有园林称北苑。此处系指宋代建安的北苑,在今建瓯县东16公里处的凤山农场一带。

②首山铜:首山又称首阳山,在今山西永济县南。《史记·孝武纪》载:"黄帝采首山铜,铸鼎于荆山下。"

③中泠:泉名。在今江苏省镇江市北,号称天下第一泉。

黄金碾①畔绿尘飞,紫玉瓯②心雪涛起。

斗茶味兮轻醍醐③,斗茶香兮薄兰芷。

那一边,在制茶工场上的铜制茶碾子旁边飞起了绿色的灰尘;这一边,歺中茶的时候,那紫玉杯中泛起了犹如雪涛一样的泡沫。当你品饮佳茗以后,你会觉得香奶酪无足轻重;当你品闻香气以后,你会觉得芝兰也失去芬芳。

①黄金碾:黄铜制的碾子,研制茶叶的工具。黄铜色近黄金,故称黄金碾。

②紫玉瓯:宋代,茶以白色为上。故以紫玉色的茶杯评比,茶色更易显露。

③醍醐:奶酪。

其间品第胡①能欺，十目视而十手指。

胜若登仙不可攀，输同降将无穷耻。

　　茶叶的品质等级怎能欺瞒得了有识之士？十双眼睛盯视和十只指头所指的是不会差错的。那获得优胜的如同攀登神仙境界，那些结果失败的好像乞降的将军万分的羞耻。

　　①胡：为什么，怎么能。

吁嗟①天产石上英，论功不愧阶前蓂②。

众人之浊我可清，千日之醉我可醒。

屈原③试与招魂魄④，刘伶⑤却得闻雷霆。

　　多么令人叹绝呵，这些天然岩石上生产的精英，评论它的功效，实在不愧于生长在宫殿的瑞草。它的神韵，可以澄清世人心中的浑浊，可以使千日不醒之醉得到排解。那楚国的屈原，应该试着用它去招回他所悼念的亡魂；那晋代嗜酒的刘伶倘若喝了它，想必可以听到他在长醉中所不能听到的雷声。

　　①吁嗟：感叹声。

　　②蓂：传说尧帝时生于庭阶上的一种瑞草。

　　③屈原：战国时楚国大夫，爱国诗人。

　　④招魂：古代的一种丧礼，谓人初死，执丧礼者在屋顶举行招回亡魂的形式。

　　⑤刘伶：西晋诗人，一生好饮酒，曾作《酒德颂》。

卢仝①敢不歌,陆羽②须作经。

森然万象中,焉知无茶星③。

　　唐代的卢仝不敢不为武夷茶作诗颂赞,陆羽也实在无法不把它写入《茶经》。在森罗万象之中,明摆着武夷的奇茗,怎能说没有茶星呢?

　　①卢仝:唐代诗人,曾作《走笔谢孟谏议寄新茶》一诗。

　　②陆羽:唐代人,一生嗜茶,对茶道很有讲究。著《茶经》一书,是世界上第一部有关茶叶的著作。

　　③茶星:指茶叶中的品质高超者。

商山丈人①休茹芝②,首阳先生③休采薇。

长安酒价减千万,成都药市无光辉。

不如仙山一啜好,泠然便欲乘风飞。

　　有了它,汉代隐居在商山之上的四个老人不必再去寻采灵芝草了;有了它,那逃到首阳山的伯夷、叔齐也不用再去采摘白薇。武夷茶之珍贵,可以使长安城的美酒减价千万,可以使成都的药市也失去光彩。饮酒服药,不如登临武夷山喝一口甘醇的茶水,它会使你一身清凉,飘飘然如在空中飞翔。

　　①商山丈人:即"商山四皓"。商山,在陕西商县西南。秦末汉初,东园公等四人不愿在汉朝做官,隐居于此山。

　　②茹芝:吃灵芝草。

　　③首阳先生:指商末周初的伯夷和叔齐。商亡后,他们不愿吃周朝的粟,逃到首阳山上隐居。

君莫羡，

花间女郎只斗草①，赢得珠玑满斗归。

劝君莫要羡慕，那些采茶女郎只是在花间做着"斗草"的游戏，须知她们所采回的乃是一斗斗的珍珠宝贝。

①斗草:即"斗百草"。古代的一种游戏，常在端午节举行，以百草为比赛对象，或斗对花草名，或斗草的数量和韧性。

谢尚书惠腊面茶

唐·徐夤

武夷春暖月初圆，采摘新茶献地仙。

飞鹊印成香腊片，啼猿溪走木兰船。

金槽和碾沉香末，冰碗轻涵翠缕烟。

分赠恩深知最异，晚铛宜煮北山泉。

恩赐龙凤茶

宋·王禹偁

样标龙凤号题新，赐得还因作近臣。

烹处岂期商岭水，碾时空想建溪春。

香如九畹芳兰气，圆如三秋皓月轮。

爱惜不尝惟恐尽，除将供养白头亲。

咏　茶

宋·丁谓

建水正寒清,茶民已夙兴。萌芽先社雨,采掇带春冰。

碾细香尘起,烹新玉乳凝。烦襟时一啜,宁羡酒如渑。

北　苑　茶

宋·丁谓

北苑龙茶著,甘鲜的是珍。四方惟数此,万物更无新。

才吐微茫绿,初沾少许春。散寻萦树遍,急采上山频。

宿叶寒犹在,芳芽冷未伸。茅茨溪上焙,篮笼雨中民。

长疾勾萌拆,开齐分两匀。带烟蒸雀舌,和露叠龙鳞。

作贡胜诸道,先尝只一人。缄封瞻阙下,邮传渡江滨。

特旨留丹禁,殊恩赐近臣。啜将灵药助,用与上尊亲。

投进英华尽,初烹气味真。细香胜却麝,浅色过于筠。

顾渚惭投木,宜都愧积薪。年年号供御,天产壮瓯闽。

烹北苑茶有怀

宋·林逋

石碾轻飞瑟瑟尘,乳花烹出建溪春。

世间绝品人难识,闲对茶经忆古人。

建溪新茗

宋·梅尧臣

南国溪阴暖,先春发茗芽。

采从青竹笼,蒸自白云家。

粟粒浮瓯起,龙文御饼加。

过兹安得此,顾渚不须夸。

和梅公仪尝建茶

宋·欧阳修

溪山击鼓助雷惊,逗晓灵芽发翠茎。

摘处两旗香可爱,贡来双凤品尤精。

寒侵病骨惟思睡,花落春愁未解醒。

喜共紫瓯吟且酌,羡君潇洒有余清。

造　茶

宋·蔡襄

縻玉寸阴间,抟金新范里。

规呈月正圆,蛰动龙初起。

出焙香色全,争夸火候是。

和孙之翰寄新茶

宋·蔡襄

北苑灵芽天下精,安须寒过入春生。

杭人偏爱云腴白,佳句遥传玉律清。

衰病万绿皆绝虑,甘香一事未忘情。

对题尽是山家宅,画日虚望试品程。

咏 茶 词

宋·苏轼

已过几番风雨、前夜一声雷。旗枪争战,建溪春色占先魁。采取枝头雀舌,带露和烟捣碎,结就紫云堆。轻动黄金碾,飞起绿尘埃。

老龙团,真凤髓,点将来。兔毫盏里,霎时滋味舌头回。唤起青州从事,战退睡魔百万,梦不到阳台。两腋清风起,我欲上蓬莱。

次韵曹辅寄壑源试焙新茶

宋·苏轼

仙山灵草湿行云,洗遍香肌粉未匀。
明月来投玉川子,清风吹破武林春。
要知玉雪心肠好,不是膏油首面新。
戏作小诗君勿笑,从来佳茗似佳人。

咏 茶 诗

宋·苏轼

武夷溪边粟粒芽,前丁后蔡相宠嘉。
争先买宠各出意,今年斗品充官茶。

谢刘景文送团茶

宋·黄庭坚

刘侯惠我大玄璧,上有雌雄双凤迹。
鹅溪水练落春雪,粟面一杯增目力。
刘侯惠我大玄璧,自裁半璧煮琼糜。

收藏残月惜未碾，直待匡衡来说诗。

绛囊团团余几璧，因来送我公莫惜。

个中渴羌饱汤饼，鸡苏胡麻煮同吃。

喜得建茶

宋·陆游

玉食何由到草莱，重奁初喜坼封开。

雪霏庚岭红丝碾，乳泛闽溪绿地材。

舌本常留甘尽日，鼻端无复鼾如雷。

故应不负朋游意，自挈风炉竹下来。

试　　茶

宋·陆游

北窗高卧鼾如雷，谁遣香茶挽梦回。

绿地毫瓯雪花乳，不妨也道入闽来。

寒　　食

宋·杜小山

寒夜客来茶当酒，竹炉汤沸火初红。

寻常一样窗前月，才有梅花便不同。

伯坚惠新茶

金·刘著

建溪玉饼号无双，双井为奴日铸降。

忽听松风翻蟹眼,却疑春雪落寒江。

西域从王君玉乞茶因其韵(二首)

元·耶律楚材

积年不啜建溪茶,心窍黄尘塞五车。

碧玉瓯中思雪浪,黄金碾畔忆雷芽。

卢仝七碗诗难得,谂老三瓯梦亦赊。

敢乞君侯分数饼,暂教清兴绕烟霞。

长笑刘伶不识茶,胡为买锸谩随车。

萧萧暮雨云千顷,隐隐春雷玉一芽。

建郡深瓯吴地远,金山佳水楚江赊。

红炉石鼎烹团月,一碗和香吸碧霞。

武夷茶歌

明·阮旻锡

建州团茶始丁谓,贡小龙团君谟制。

元丰敕制密云龙,品比小团更为贵。

元人特设御茶园,山民终岁修贡事。

明兴茶贡永革除,玉食岂为遐方累。

相传老人初献茶,死为山臣享庙祀。

景泰年间茶久荒,喊山岁犹供祭费。

输官茶购自他山,郭公青螺除其弊。

嗣后岩茶亦渐生,山中借此少为利。

往年荐新苦黄冠,遍采春芽三日内。

搜尽深山粟粒空，官令禁绝民蒙惠。

种茶辛苦甚种田，耕锄采摘与烘焙。

谷雨期届处处忙，两旬昼夜眠餐废。

道人仙山资为粮，春作秋成如望岁。

凡茶之产视地利，溪北较厚溪南次。

平州浅渚土膏轻，幽谷高岸烟雨腻。

凡茶之候视天时，最喜天晴北风吹。

苦遭阴雨风南来，色香顿减淡无味。

近时制法重清漳，漳芽漳片标名异。

如梅斯馥兰斯馨，大抵焙得候香气。

鼎中笼上炉火温，心闲手敏工夫细。

岩阿宋树无多丛，雀舌吐红霜叶醉。

终朝采采不盈掬，漳人好事自珍秘。

积雨山楼苦昼间，一宵茶话留千载。

重烹山茗沃枯肠，雨声杂沓松涛沸。

闽 茶 曲

清·周亮工

龙焙泉清气若兰，士人新样小龙团。

尽夸北苑声名好，不识源流在建安。

御茶园内筑高台，惊蛰鸣金礼数该。

哪识好风生两腋，都从着力喊山来。

崇安仙令递常供，鸭母船开朱印红。

急急催符难挂壁，无聊砍尽大王峰。

一曲休教松括长，悬崖侧岭展旗枪。

茗柯妙理全为崇，十二真人坐大荒。

歙客秦淮盛自夸，罗囊珍重过仙霞。

不知薛老全苏意，造作兰香诮闵家。

雨前虽好但嫌新，火气未除莫近唇。

藏得深红三倍价，家家卖弄隔年陈。

延津廖地胜支提，山下萌芽山上奇。

学得新安方锡罐，松罗小款恰相宜。

太姥声高绿雪芽，洞山新泛海天槎。

茗禅过岭全平等，义酒应教伴义茶。

桥门石绿未消磨，碧坚谁教尽荷戈？

却羡筤家兄弟贵，新衔近日带松萝。

沤麻浥竹斩拼桐，独有官茶例未除。

消渴仙人应爱护，汉家旧日祀干鱼。

家兖州太守赠茶

清·郑燮

头纲八饼建溪茶，万里山东道路赊。

此是蔡丁天上贡，何期分赐野人家。

咏武夷茶

清·陆廷灿

桑苎家传旧有经，弹琴喜傍武夷君。

轻涛松下烹溪月，含露梅边煮岭云。

224

醒睡功资宵判牒,清神雅助昼论文。

春雷催茁仙岩笋,雀舌龙团取次分。

工夫茶诗

清·王步蟾

工夫茶转费工夫,啜茗真疑嗜好殊。

犹自沾沾夸器具,若琛杯配孟公壶。

扫落花·武夷茶

清·万光泰

红蓝香净,甚特地封来,数重青蒻。松炉漫瀹,看初收,麦粿渐莲萼。沸了还停,滚滚春潮暗落。画楼角,正酒桃生,雨晴帘幕。

天未满云壑,问积笋峰前,几家楼阁。花深竹错,想溪南,三十九泉如昨。拟试都篮,谁系行山翠属?晚风薄,听空缶,曼亭歌作。

武夷杂咏

清·魏杰

武夷深处是仙家,九曲溪山遍种茶。

最是一年春好景,清歌日日采新芽。

武夷茶艺（二首）

赵朴初

云窝访茶洞，洞在仙人去。
今来御茶园，树亡存茶艺。

炭炉瓦罐烹清泉，茶壶中坐杯环旋，
茶注杯杯周复始，三遍注满供群贤。
饮茶之道亦宜会，闻香玩色后尝味。
一杯两杯七八杯，百杯痛饮莫辞醉。
我知醉酒不知茶，茶醉何如酒醉耶？
只道茶能醒心目，那知朱碧乱空花。
饱看奇峰饱看水，饱领友情无穷已。
祝我茶寿饱饮茶，半醒半醉回家里。

赠安溪茶叶学会

虞　愚

舌根功德助讴吟，碧乳浮香底处寻。
尽有茶经夸博物，何如同享铁观音。

献给安溪县茶叶学会

王泽农

安溪芳茗铁观音,益寿延年六根清。
新选名茶黄金桂,堪称妙药保丹心。
久服千朝姿容美,能疗百病体态轻。
茶叶奇功说不尽,闽南风味故人亲。

岩茶大红袍

庄晚芳

奇茗神话传古今,岩壁大红永在存。
气味清醇中外颂,益思去病人长春。

参观安溪茶叶展览馆

庄晚芳

安溪奇茗铁观音,敬饮一杯情意深。
养性修身行俭德,侨乡茶地结良缘。

赠厦门茶叶进出口公司

庄晚芳

乌龙鹭岛居新颜，质优价廉中外欢。
活水巧烹重品艺，弘扬茶德畅心情。

访厦门"茶人之家"

庄晚芳

笑口常开迎客临，香茶敬奉侨胞亲。
洗尘叙旧忆乡谊，携手共图山海经。

参加闽台茶叶技术讨论会

庄晚芳

闽台文化本同源，冻顶武夷两岸传。
桂子飘香茶会聚，品茗论艺乐无比。

附录二

武夷山三十六峰、九十九岩

三十六峰

(1)大王峰　　(2)曼亭峰　　(3)狮子峰　　(4)铁板峰

(5)兜鍪峰　　(6)玉女峰　　(7)凌霄峰　　(8)七贤峰

(9)马枕峰　　(10)丈人峰　　(11)小藏峰　　(12)升日峰

(13)上升峰　　(14)大藏峰　　(15)玉华峰　　(16)北斗峰

(17)天柱峰　　(18)隐屏峰　　(19)晚对峰　　(20)接笋峰

(21)仙掌峰　　(22)飞来峰　　(23)苍屏峰　　(24)紫芝峰

(25)三仰峰　　(26)三才峰　　(27)鼓子峰　　(28)三教峰

(29)灵　峰　　(30)香炉峰　　(31)三髻峰　　(32)三层峰

(33)玉柱峰　　(34)天壶峰　　(35)火焰峰　　(36)丹霞峰

九十九岩

(1)仙鹤岩　　(2)禅　岩　　(3)石门岩　　(4)月　岩

(5)换骨岩　　(6)化鹤岩　　(7)观音岩　　(8)太极岩

(9)鹞子岩　　(10)赤霞岩　　(11)石瓶岩　　(12)竹盘岩

(13)虎啸岩　　(14)仙馆岩　　(15)西来岩　　(16)太平岩

(17)楼阁岩　　(18)藏修岩　　(19)蓝　岩　　(20)仙榜岩

(21)妆镜台　　(22)马头岩　　(23)敛袖峰　　(24)揽石峰

(25)鼓楼岩　　(26)宴仙岩　　(27)会仙岩　　(28)洛迦岩

(29)车钱岩　　(30)仙游岩　　(31)金鼎峰　　(32)鸣鹤峰

(33)仙机岩　　(34)李仙岩　　(35)题诗岩　　(36)曦真岩

(37)金谷岩　　(38)仙钓岩　　(39)铁象岩　　(40)罗汉岩

(41)伏虎岩　　(42)清隐岩　　(43)仙迹岩　　(44)丹炉岩

(45)山当岩　　(46)玉版岩　　(47)响声岩　　(48)立壁岩

(49)老君岩　　(50)铸钱岩　　(51)东华岩　　(52)北廊岩

(53)琅玕岩　　(54)太姥岩　　(55)象　峰　　(56)天心岩

(57)杜辖岩　　(58)猴藏岩　　(59)涵翠岩　　(60)环珮岩

(61)烟际岩　　(62)城高岩　　(63)寒　岩　　(64)幛　岩

(65)宝国岩　　(66)云　岩　　(67)齐云峰　　(68)飞霞岩

(69)鱼　岩　　(70)盘珠岩　　(71)马鞍岩　　(72)灵　岩

(73)碌金岩　　(74)象鼻岩　　(75)梅　岩　　(76)磊石岩

(77)集贤岩　　(78)慧苑岩　　(79)排峰岩　　(80)霞滨岩

(81)曼陀岩　　(82)白花岩　　(83)更衣岩　　(84)燕子峰

(85)鹰嘴岩　　(86)天游岩　　(87)青狮峰　　(88)师陀岩

(89)章堂岩　　(90)笫　岩　　(91)黎道岩　　(92)佛国岩

(93)弥陀岩　　(94)碧石岩　　(95)笠盘岩　　(96)龙　峰

(97)清源岩　　(98)莲花峰　　(99)兰谷岩

附录三

1864—1949 年厦门口岸茶叶出口数量表

单位:吨

年　度	合　计	厦门茶	复出口茶
1864	3217.92	3217.92	/
1865	2624.52	2624.52	/
1866	3554.48	3554.48	/
1867	3647.70	3647.70	/
1868	1949.76	1949.76	/
1869	5158.14	5158.14	/
1870	4279.86	3886.20	393.66
1871	4768.08	4084.80	683.28
1872	6153.30	4990.62	1162.68
1873	4338.66	3622.68	715.98
1874	6153.54	4672.44	1481.10
1875	6826.68	3985.44	2841.24
1876	6896.52	3727.20	3169.32
1877	10272.66	5425.68	4846.98
1878	8952.18	4165.56	4786.62
1879	9841.14	3714.36	6126.78
1880	8165.16	2927.76	5237.40
1881	9851.62	4261.32	5589.30
1882	8709.90	2916.54	5793.36
1883	8986.14	2250.48	6735.66

续表

年　度	合　计	厦门茶	复出口茶
1884	9027.18	2582.64	6444.54
1885	10466.16	2978.46	7487.70
1886	9531.66	2442.90	7088.76
1887	9698.94	2509.20	7189.74
1888	10927.62	2358.24	8569.38
1889	9596.76	1500.12	8096.64
1890	8255.94	1463.76	6792.18
1891	10561.86	1434.60	9127.26
1892	10507.44	1632.16	8885.28
1893	10021.26	1512.72	8508.54
1894	12635.94	1766.94	10868.00
1895	8218.08	955.98	7262.10
1896	12769.14	1956.06	10813.08
1897	8656.86	727.62	7929.24
1898	9017.82	564.30	8453.52
1899	8572.08	570.32	7997.76
1900	8617.50	406.02	8211.48
1901	7837.44	421.02	7416.42
1902	8411.76	391.62	8020.14
1903	7597.44	414.78	7182.66
1904	6452.22	409.92	6042.30
1905	6065.16	406.32	5658.84
1906	5324.52	381.78	4942.74
1907	1869.00	311.76	1557.24
1908	1336.86	337.02	999.84

续表

年 度	合 计	厦门茶	复出口茶
1909	1265.16	398.34	866.82
1910	1679.76	406.14	1273.62
1911	1495.44	374.88	1120.56
1912	1795.26	456.30	1338.96
1913	1412.10	402.48	1009.62
1914	1188.96	444.64	744.30
1915	907.98	506.22	401.76
1916	1129.76	468.18	661.56
1917	362.82	347.22	15.60
1918	355.68	318.42	37.26
1919	362.40	309.96	16.44
1920	433.74	420.06	13.68
1921	436.44	424.26	12.18
1922	364.32	359.88	4.44
1923	474.06	458.40	15.66
1924	517.86	508.80	9.06
1925	483.84	482.46	1.38
1926	716.76	700.74	16.02
1927	706.20	704.58	1.62
1928	702.36	702.36	/
1929	799.44	799,44	/
1930	878.64	878.46	0.18
1931	781.92	781.92	/
1932	575.82	575.82	/
1933	540.84	540.84	/

续表

年　度	合　计	厦门茶	复出口茶
1934	561.60	561.60	/
1935	519.80	519.80	/
1936	623.60	623.60	/
1937	658.80	658.80	/
1938	402.50	402.50	/
1939	213.70	213.70	/
1940	309.00	309.00	/
1941	361.10	361.10	/
1942	125.10	125.10	/
1943	/	/	/
1944	/	/	/
1945	/	/	/
1946	329.00	329.00	/
1947	273.30	273.00	/
1948	287.20	287.20	/
1949	216.20	261.20	/

说明：

1."厦门茶"，指福建生产的乌龙茶。"复出口茶"，指台湾乌龙茶、包种茶经厦门口岸出口的茶叶。

2.计量单位:《年报》等的计量单位,1933年以前采用担,每担等于60公斤。1934年起采用公担。本表一律以吨为单位换算。

资料来源:厦门海关档案室藏《海关中外贸易统计年报》、《中国通商口岸贸易报告》、《海关十年报告》(1882—1941)、《通商各关华洋贸易总册》等。

附录四

1861—1949 年全国茶叶出口数量分类表

单位:吨

年度	合计	红茶	绿茶	其他茶
1861	60000.00			
1862	78000.00			
1863	76860.00			
1864	70500.00			
1865	72600.00			
1866	71100.00			
1867	78840.00			
1868				
1869	91680.00			
1870	85706.76			
1871	100778.04			
1872	106479.78			
1873	97065.78	82941.00	14124.781	
1874	104112.74	91352.70	12770.04	
1875	109255.02	96486.30	12768.72	
1876	105773.22	94390.38	11382.84	
1877	114582.00	102730.68	11851.32	
1878	113937.36	103567.80	10369.56	

续表

年度	合计	红茶	绿茶	其他茶
1879	119247.78	108253.74	10994.04	
1880	125827.08	114509.70	11317.38	
1881	128248.32	113964.48	14283.84	
1882	121029.06	96715.02	10730.34	13583.70
1883	119239.44	194265.52	11466.96	13506.96
1884	120973.02	93867.00	12153.36	14952.66
1885	127752.66	97103.82	12881.58	17767.26
1886	133037.76	99243.18	11575.86	22218.66
1887	129178.26	97788.3	11080.02	20309.04
1888	130053.06	92532.62	12562.62	24958.44
1889	112164.72	81391.08	11539.56	19234.08
1890	99970.92	69040.68	11970.24	18960.00
1891	105014.10	72208.38	12405.72	20400.00
1892	97309.56	66037.74	11306.40	19929.42
1893	109173.48	71421.36	14174.22	23586.90
1894	111548.34	73032.90	14007.90	24507.54
1895	111921.60	67437.12	14652.12	29832.36
1896	102752.94	54745.02	13019.94	34987.98
1897	91831.80	45894.90	12070.08	33866.82
1898	92278.86	50827.98	11118.36	30332.52
1899	97770.42	56134.68	12827.88	28807.86
1900	84222.24	51802.44	12025.50	20394.30
1901	69421.26	39929.94	11365.80	18125.52

续表

年度	合计	红茶	绿茶	其他茶
1902	91094.28	41237.28	15225.42	34631.58
1903	100612.38	44946.96	18097.20	37568.22
1904	86543.58	44940.12	14468.76	27134.70
1905	81751.80	35822.70	14527.68	31401.42
1906	84231.60	36054.42	12415.50	35762.04
1907	95281.80	42496.38	15888.12	36897.30
1908	93995.76	41124.48	17045.10	35826.18
1909	89773.86	37177.92	16900.74	35695.20
1910	93296.10	38011.50	17764.98	37519.62
1911	87548.76	44050.80	17954.22	25543.74
1912	88419.66	38912.64	18609.42	30897.60
1913	86454.84	32862.48	16640.58	36951.78
1914	88563.66	36797.70	16004.28	35716.68
1915	104969.70	46268.46	18379.44	40321.80
1916	92028.60	38893.68	17923.68	35211.24
1917	67195.08	28336.32	11765.58	27093.18
1918	24053.70	10497.72	9042.60	4513.38
1919	41000.58	17327.88	14982.66	8690.04
1920	18210.66	7669.92	9839.04	701.70
1921	25819.68	8194.68	16056.96	1568.04
1922	34564.38	16022.34	16979.28	1562.76
1923	48085.38	27041.16	17078.16	3966.06
1924	45956.10	24166.56	16938.84	4850.70

续表

年度	合计	红茶	绿茶	其他茶
1925	50169.54	20134.98	19473.84	10560.72
1926	50353.62	17551.62	19751.82	13050.18
1927	52330.56	14931.42	19992.96	17406.12
1928	49308.66	9923.94	18405.90	20978.82
1929	56863.80	17673.78	21003.30	18186.72
1930	42360.54	12904.74	14986.74	14469.06
1931	43117.26	10287.96	17610.36	15218.94
1932	40838.40	8828.88	16482.42	15527.10
1933	50349.36	11782.20	20937.60	17629.56
1934	47272.50	14973.00	15180.90	16898.60
1935	38140.40	10475.20	15400.80	12264.40
1936	37284.30	9603.00	15593.10	12088.20
1937	40657.20	11565.80	15399.80	13691.60
1938	41624.60	10890.20	23114.60	7619.80
1939	22557.80	5164.50	13912.50	3484.40
1940	34492.50	9461.40	22179.20	2851.90
1941	9117.60	3999.60	2469.10	2648.90
1942	1449.00	805.00	600.20	43.80
1943	1298.50	610.50	127.80	560.20
1944	519.40	199.00	333.00	466.20
1945				
1946	6899.50	4413.00	2076.50	410.00
1947	16443.30	5347.90	9319.80	1775.60

续表

年度	合计	红茶	绿茶	其他茶
1948	16707.00	6034.10	7648.00	3024.90
1949	9922.00	822.50	8035.80	1063.70

说明：

1.分类中的"其他茶"，包括红砖茶、绿砖茶、花茶、毛茶、茶片、茶末、茶梗。

2.计量单位：《年报》等的计量单位，1933 年以前采用担，每担等于 60 公斤。1934 年起采用公担。本表一律以吨为单位换算。

资料来源：厦门海关档案室藏《海关中外贸易统计年报》、《中国通商口岸贸易报告》、《海关十年报告》(1882—1941)、《通商各关华洋贸易总册》等。

后　记

　　拙作得以成书，实得益于浙江农业大学庄晚芳教授的循循善诱和热情帮助。庄老十分酷爱茶叶事业，开口就谈茶，事事不离茶，在厦度假十载，为厦门茶叶事业做了许多有益的贡献。如主持开办厦门茶人之家，倡议设立厦门茶叶贸易中心，举办茶叶培训班，向厦门市领导反映茶叶产销中存在的问题等等。本人从庄老这些言行中受到教诲和长进，今日拙作成书，恩师已与世长辞，令人倍感怀念。

　　本书在编著整理时，得到厦门市文化局文物处陈可强处长的鼎力帮助，不但协助查阅资料，对内容还给予充实删正，使本书得以顺利完稿。福建省茶叶进出口公司庄任教授不顾年老体弱，为本书写序言。厦门茶叶进出口公司十分关心和支持本书的出版。此外，在文献资料搜集和核实的过程中，还得到茶界同仁的积极支持。值此书稿付梓之际，谨此一并表示衷心的感谢。鉴于水平有限，讹误之处在所难免，敬请各界人士给予斧正。

张水存